智若愚

的人生智慧

希文 ◎ 主编

中华工商联合出版社

图书在版编目（CIP）数据

大智若愚的人生智慧 / 希文主编． -- 北京：中华工商联合出版社，2021.1
ISBN 978-7-5158-2946-3

Ⅰ．①大… Ⅱ．①希… Ⅲ．①人生哲学－通俗读物
Ⅳ．① B821-49

中国版本图书馆 CIP 数据核字 (2020) 第 235846 号

大智若愚的人生智慧

主　　编：	希　文
出 品 人：	李　梁
责任编辑：	臧赞杰
装帧设计：	星客月客动漫设计有限公司
责任审读：	傅德华
责任印制：	迈致红
出版发行：	中华工商联合出版社有限责任公司
印　　刷：	北京毅峰迅捷印刷有限公司
版　　次：	2021 年 4 月第 1 版
印　　次：	2021 年 4 月第 1 次印刷
开　　本：	710mm×1000 mm　1/16
字　　数：	230 千字
印　　张：	14
书　　号：	ISBN 978-7-5158-2946-3
定　　价：	58.00 元

服务热线：010-58301130-0（前台）
销售热线：010-58302977（网店部）
　　　　　010-58302166（门店部）
　　　　　010-58302837（馆配部、新媒体部）
　　　　　010-58302813（团购部）
地址邮编：北京市西城区西环广场 A 座
　　　　　19-20 层，100044
http://www.chgslcbs.cn
投稿热线：010-58302907（总编室）
投稿邮箱：1621239583@qq.com

工商联版图书
版权所有　盗版必究

凡本社图书出现印装质量问题，
请与印务部联系。

联系电话：010-58302915

前言

为了探求人生智慧，我国历代的先哲们皓首穷经，苦心钻研。相传孔子年轻时，曾受教于老子，老子告诫他说："良贾深藏若虚，君子盛德，容貌若愚。"此言令孔子颇受启发。因此，我们在道家、儒家的思想里，不难发现他们对"大智若愚"的一致推崇：老庄宣扬的"道法自然"和"无为而治"，孔孟提倡的"中庸之道"，与"大智若愚"都有着密切的联系。

第一次提出"大智若愚"这个词的人，是北宋的文学家苏轼，他在《贺欧阳少师致仕启》中写道：力辞于未及之年，退托以不能而止，大勇若怯，大智如愚。大意为：对于一些不情愿或不能做的事，可以智回避之；本有大勇，却装出怯懦的样子；原本很聪明，硬要装出愚拙的样子。不过，苏轼的话，明显是脱胎于距他1500多年前的《老子》中"大直若屈，大巧若拙，大辩若讷"，在思想上亦与老子一脉相承。

大智若愚的人，憨厚敦和，平易近人，虚怀若谷，不露锋芒，甚至有点木讷，有点迟钝，有点迂腐。大智若愚的人，宠辱不惊，遇乱不躁，看透而不说透，知根却不亮底。大智若愚的人，大智在内，若愚在外，将才华隐藏得很深,给人一副混混沌沌的样子,让人往往认为自己无能。实际上,他们用的是心功。孔子的弟子颜回就是一个大智若愚的人,他表面上唯唯诺诺,迷迷糊糊,却总能把先生的教导清楚并有条理地讲述出来。他因此而深得师傅孔子以及师兄弟们的喜爱。

  大智若愚是基于东方传统文化而催生的一种智慧。大智若愚者,退可独善其身,进可兼济天下。学会大智若愚,你的人生之路必将充满鲜花与温暖!

目录

第一章　天下之拙，能胜天下之巧

　　做个大智若愚的人 /003
　　聪明睿智的人内智外愚 /005
　　智和愚对人的一生命运影响极大 /007
　　聪明反被聪明误 /010
　　大智若愚是立身之术 /012
　　制敌而不制于敌 /013
　　傻得有胸怀，傻得有智慧 /015

第二章　与其较真，不如装装糊涂

　　外方而内圆 /022
　　不争才是最大的争 /024
　　糊涂一点又何妨 /027
　　凡事不可太较真 /029
　　忘却未尝不是幸福 /032
　　治家当用"糊涂法" /033

装糊涂也要有分寸 /036

第三章　德行是一个人最宝贵的财产

爱产生爱，恨产生恨 /042

与人为善，宽容待人 /044

谦逊是人性中的精髓 /049

善待他人就是善待自己 /051

将心比心，推己及人 /053

勿以善小而不为 /057

将军额头能跑马 /058

正直是一种力量 /060

一诺千金是大丈夫所为 /064

感恩而不图报 /067

唯有宽厚得人心 /069

第四章　心性淡泊，随缘处世

荣辱面前泰然处之 /075

走出悲喜的心境 /078

不去比较，学会知足 /079

平心静气，精神悠远 /083

没有遗憾，才是人生最大的遗憾 /085

乐不可极，欲不可纵 /087

顺其自然，荣辱不惊 /089

跳出抑郁的枷锁 /091

丢掉痛苦这个包袱 /094

贪欲是祸害的根源 /097

痛苦既然避不开，不如保持快乐心态 /100

不去计较一时得失 /102

第五章 以守为攻，善用"韬晦"策略

不与太阳争光辉 /107

藏巧于拙，用晦而明 /110

早起的鸟儿有虫吃 /114

远离漩涡的人，最先登上彼岸 /116

每天都要进步一点点 /118

因为坚持所以不凡 /120

超乎常人的恒心与毅力 /122

第六章 吃亏是福，百忍成金

吃得亏中亏，方有福中福 /127

忍一时气，免百日忧 /129

能忍让者成大事 /134

百行之本，忍让为上 /136

吃亏是一种福气 /138

只有退几步，方能大踏步 /139

要有主动让道的精神 /142

以退为进，积蓄能量 /144

第七章 行事要敏，说话宜讷

千里之行，基于跬步 /150

不喜欢的工作也要做好 /152

谦逊的人才受欢迎 /154

勤能补拙，笨鸟先飞 /156

要办大事就不要计较小事 /157

无多言，无多事 /159

说到做到，重诺守信 /160

用行动代替争论 /162

不足则夸，损人害己 /164

不要把话说得太满 /167

第八章　祸从口出，说话要谨慎

话在精不在多 /174

学会运用外交辞令 /176

自我调侃，摆脱尴尬 /178

会说的不如会听的 /180

进"忠言"的技巧 /182

怎样说"不"，别人才乐于听 /184

沉默也是一种表达方式 /186

言辞谨慎节制 /188

弥补言语失误有方法 /191

第九章　以柔克刚，处世妙方

治国应如烹鲜 /196

急于求成，欲速不达 /198

既要铁腕，也要柔和 /200

莫因小节失人才 /202

用人唯德，不唯才 /205

以奇招破乱象 /206

意气用事要不得 /208

该软时软，该硬时硬 /211

第一章
天下之拙，能胜天下之巧

"晚清中兴名臣"曾国藩并不聪明。他从14岁起参加县试，一共考了7次，直到23岁才考上秀才。比他小1岁的左宗棠则厉害多了，14岁参加湘阴县试，名列第一。李鸿章中秀才时17岁，出生稍晚一点的梁启超则在11岁中秀才、16岁中举人。

所以梁启超评价曾国藩：在当时的著名人物中，曾是最迟钝愚拙的一位。曾国藩自己也承认自己"天分不甚高明"。但正是这位"天资愚钝"的曾国藩，靠下笨功夫成为晚清鼎鼎有名的理学家、政治家、书法家、文学家。

曾国藩早年做人锋芒外露、做事雷厉风行，后期经过磨炼后，悟出了"尚拙"，并总结出十二字箴言："天下之至拙，能胜天下之至巧。"

做个大智若愚的人

在美国的一个乡村小镇里，一个小孩常常因为有点傻气而招来众人的捉弄。常有人把一枚五分的硬币和一枚一角的硬币扔在小孩面前，让小孩任意捡一个。小孩总是捡那个五分的，于是大家都嘲笑他，拿他开心。

有一天，一位慈祥的妇人看到小孩很可怜，便对他说："可怜的孩子，难道你不知道一角要比五分值钱吗？"

"当然知道，"小孩慢条斯理地说，"不过，如果我捡了那个一角的，恐怕他们就再也没有兴趣扔钱给我了。"

这个小孩，后来成为美国历史上赫赫有名的一位总统。他的名字叫威廉·亨利·哈里逊。

真正有大智慧的人，都懂得深藏不露，努力把自己的聪明隐藏起来。在历史上，耍小聪明的人吃尽苦头，误了终身；而那些大智若愚、藏巧于拙的人却成就了大事，铸就了人生的辉煌。在这一方面，东方的大智慧者与西方的大智慧者是完全一致的。例如，《论语·为政》中讲孔子的弟子颜回善于守愚，深得其师的喜爱。他表面上唯唯诺诺、迷迷糊糊，其实他非常用心，所以课后他总能把孔子的教导清楚而有条理地讲出来。可见若愚并非真愚，在其"若愚"的背后，隐藏的是大智。

明代大作家吕坤在《呻吟语》中写道："愚者人笑之，聪明者人疑之。聪明而愚，其大智也。夫《诗》云'靡哲不愚'，则知不愚非哲也。"其意思是：愚蠢的人，别人会讥笑他；聪明的人，别人会怀疑他。只有既聪明但是看起来又愚笨的人，才是真正的大智者。

照字面解释，"大智若愚"的意思就是有大智大慧大觉大悟的人不显露才华，外表上好像很愚呆。事实上，这是一种至高的人生境界。大智的人在人前收敛自己的智慧，在小事上常常不如一般人精明，应变能力好像差一些。这正是智慧的表现。假装愚钝，让人以为自己无能，让人忽视自己的存在，而在必要时，可以不动声色，先发制人。做人应尽量避免显山露水，不要成为别人妒忌的目标；愚蠢而危险的虚荣心满足之日，就是一个人失败之时。

另外，"大智若愚"，并非故意装疯卖傻，也不是故作深沉，故弄玄虚，而是待人处事的一种方式，一种态度，即：心平气和，遇乱不惧，受宠不惊，受辱不躁，含而不露，隐而不显，自自然然，平平淡淡，普普通通，从从容容，看透而不说透，知根而不亮底，凡事心里都清清楚楚，明镜儿似的，而表面上却显得不知、不懂、不明。

大智若愚既表现在人的面部表情上，也表现在人的行为举止上。大智若愚的人给别人的印象是，时常笑容满面，宽厚敦和，平易近人，虚怀若谷，不露锋芒，有时甚至显得有点木讷，有点迟钝，有点迂腐。但我们需要切记：若愚者，即似愚也，而非愚也。因此"若愚"只是一种表象，只是一种策略，而不是真正的愚笨。在"若愚"的背后，隐含的是真正的大智慧、大聪明、大学问。真正具有大智慧大聪明大学问的人往往给人的印象是显得有点愚钝。因此，中国才有了"大智若愚"这个含有很深哲理的成语。

拨开世上尘氛，胸中自无火炎冰竞；消却心中鄙吝，眼前时有月到风来。尘缘割断，烦恼从何处安身；世虑潜消，清虚向此中立脚。

聪明睿智的人内智外愚

明朝时，况钟最初以小吏的低微身份追随尚书吕震左右。况钟虽是小吏，但头脑精明，办事忠诚。吕震十分欣赏他的才能，推荐他当主管，升郎中，最后出任苏州知府。

初到苏州，况钟假装对政务一窍不通，凡事问这问那。府里的小吏们怀抱公文，个个围着况钟转悠，请他批示。况钟佯装不知，瞻前顾后地询问小吏，小吏说可行就批准，不行就不批准，一切听从下属的安排。这样一来，许多官吏乐得手舞足蹈，个个眉开眼笑，说况钟是个大笨蛋。

过了三天，况钟召集全府上下官员，一改往日温柔愚笨之态，大声责骂道："你们这些人中，有许多奸佞之徒，某某事可行，他却阻止我去办；某某事不可行，他则怂恿我，以为我是个糊涂虫，耍弄我，实在太可恶了！"况钟下令，将其中的几个小吏捆绑起来一顿狠揍，鞭挞后扔到街上。

此举使余下的几个下属胆战心惊，原来知府大人心里明亮着呢！个个一改拖拉、懒散之风，积极地工作，从此苏州得到大治，百姓安居乐业。

况钟用外愚蒙蔽了对手，待到时机成熟，内智喷薄而出，好似武功高手伪装成不会武功的叫花子，探明了对手的虚实后拔剑而出，一招制敌，干净利落。

唐朝第十六位皇帝李忱，是第十一位皇帝唐宪宗的十三子。李忱自幼笨拙木讷，与同龄的孩子相比似乎略为愚笨。随着年岁的增长，他变得更为沉默寡言。无论是多大的好事还是坏事，李忱都无动于衷。平时游走宴集，也是一副面无表情的模样。这样的人，委实与皇帝的龙椅相距甚远。当然，与龙椅相距甚远的李忱，自然也在权力倾轧的刀光剑影中得以保存自己。

命运在李忱36岁那年出现了转折。会昌六年（846年），唐武宗食方士仙丹而暴毙。国不可一日无主，在选继任皇帝的问题上，得势的宦官们首先想到的是找一个能力弱的皇帝——这样，才有利于宦官们继续独揽朝政、享受荣华富贵。于是，身为三朝皇叔的李忱，就在这一背景下被迎回长安，黄袍加身。但李忱登基的那一天，令大明宫里所有人都惊呆了。在他们面前的，哪是什么低能儿，简直就是一个聪明睿智的人。不怀好意的宦官们都被皇帝的不凡气度所震惊，后悔选了李忱当皇帝。

唐宣宗李忱登基时，唐朝国势已很不景气，藩镇割据，牛李党争，农民起义，朝政腐败，官吏贪污，宦官专权，四夷不朝。唐宣宗致力于改变这种状况，他先贬谪李德裕，结束牛李党争。宣宗勤俭治国，体贴百姓，减少赋税，注重人才选拔，唐朝国势有所起色，阶级矛盾有所缓和，百姓日渐富裕，使暮气沉沉的晚唐呈现出"中兴"的局面。宣宗是唐朝历代皇帝中一个比较有作为的皇帝，因此被后人称为"小太宗"。另外，唐宣宗还趁吐蕃、回纥衰微，派兵收复了河湟之地，平定了吐蕃，名义上打通了丝绸之路。无奈大中年间唐朝已积重难返，国力衰退，社会经济千疮百孔，只依靠统治阶级枝枝节节的改革已无法改变唐朝衰败之势。大中十三年（859年）冬，浙东农民裘甫带领五百农民起义。起义军后发展至五十万人，为唐末大规模农民起义打下了基础。传说宣宗继位之前，为逃避唐武宗的迫害，曾当过和尚，所以对佛教极力推崇，曾在大中七年（853年）大拜释迦牟尼的舍利。大中十三年，唐宣宗去世，享年50岁，谥号圣武献文孝皇帝。

李忱的装傻功夫可谓炉火纯青。他自信沉着地演了36年戏，让愚不可及的形象深入人心，在保全自己的同时，用内智成就了一番伟业。

古人云："鹰立如睡，虎行似病，正是它攫人噬人手段处。故君子要聪明不露，才华不逞，才有肩鸿任钜的力量。"这大概可以形象地诠释"大智若愚，大巧若拙"这句话的具体含义。一般说来，人性都是喜直厚而恶机巧的，而胸有大志的人，要达到自己的目的，没有机巧权变，又绝对不行，尤其是当他所处的环境并不如意时，那就更要既弄机巧权变，又不能为人所厌戒，所以就有了鹰立虎行如睡似病的外愚内智处世方法。

愚者人笑之，聪明者人疑之。聪明而愚，其大智也。

智和愚对人的一生命运影响极大

智和愚对人的一生命运影响极大。"聪明一世，糊涂一时"，说聪明人有时也会办蠢事；"大智若愚""难得糊涂"，确实聪明的人往往表面上愚拙，这是一种智慧人生，真人不露相，而"聪明反被聪明误"则是给了耍小聪明者的教训。

老子是一个推崇为人处世要"愚"的思想家。在《老子·德经》中，有如下文字：

大成若缺，其用不弊。大盈若冲，其用不穷。大直若屈，大巧若拙，大辩若讷。

老子的话可以这样理解：至臻至善的东西好像有残缺，但它的作用不会衰竭；最充实的东西好像空虚，但它的作用不会穷尽；最直的东西好像弯曲，最雄辩的好像口钝，最灵巧的好似笨拙。

"大智若愚"这句话就是从老子的上述论述中引申出来的。最早从这段话中引申出"大智若愚"这句话的是宋代的著名文学家苏东坡。宋代文学家、史学家欧阳修，晚年曾多次要求辞官，到六十五岁那年才被批准，朋友们向他庆贺，苏东坡也给他写了贺信——《贺欧阳少师致仕启》。信中有两句称颂欧阳修的话，说欧阳修是"大勇若怯，大智如愚"。"大智如愚"也称作"大智若愚"。这句话虽然是苏东坡首次说出来的，但是，明显是从《老子》"大巧若拙"等句子中脱胎而来的。明朝李昌祺在其所著的《剪灯余话·青城舞剑录》中也曾说道："所谓寓大巧于至拙，藏大智于极愚，天下后世，知其为神仙而已矣！"盛赞老子大直若屈、大辩若讷、大巧若拙的观点。

"大智若愚"是说有大智大勇的人，总是含而不露，绝无虚狂骄傲之气，修养达到了很高的境界。成语"木鸡养到"说的也是这个意思。据《庄子·达生》记载，春秋时期齐王请纪渻子训练斗鸡。养了才十天，齐王催问道："训练成了吗？"纪渻子说："不行，它一看见别的鸡，或听到别的鸡一叫，就跃跃欲试，很不沉着。"又过了十天，齐王又问道："现在该成了吧？"纪渻子说："不成，它心神还相当活动，火气还没有消除。"又过了十天，齐王又问道："怎么样？难道还是不成吗？"纪渻子说："现在差不多了，骄气没有了，心神也安定了；虽有别的鸡叫，它也好像没听到似的，毫无反应，不论遇到什么突然的情况，它都不动不惊，看起来真像只木鸡一样。这样的斗鸡，才算是训练到家了，别的鸡一看见它，准会转身认输，斗都不敢斗。"果然，这只鸡后来每斗必胜。后人称颂涵养高深，态度稳重，大智若愚的人，就用"木鸡养到"来形容。唐代诗人张祜在《送韦正字析贯赴制举》一诗中就曾经写道："木鸡方备德，金马正求贤"，称颂韦正字的品德修养和学识高深。

备受古人推崇的"木鸡"，在今天却被大多数人弃如敝屣。浮躁的空气弥漫在各个角落，虚荣的尘土蒙蔽了许多眼睛。在我们的周围，不乏把一分才能当成十分使、把一分才能当成百分吹的人，他们喜欢招摇过市，把自己擅长的技能在众人面前显示，以此招揽别人的羡慕与宠爱。他们唯恐别人不知道自己的小聪明与小技能，也惧怕被别人当作傻瓜，才会上演一幕幕引火烧身的悲剧。媒体曾报道过一则让人唏嘘的新闻，说的是有一个爱好虚荣的男青年，在与邻村的青年人一同喝酒时，为了掩盖自己的贫穷，谎说自己的手提包里有五万元现金，结果他的酒友们闻财起意，用一把巨锤将他砸死，但是从他的提包里只找到两元钱而已。由此可见，虚荣心也会招来灾难，即使有时一招得逞或一时得势，但终究是自作聪明，只有没有智慧的人才会做出这样的蠢事。

没有本事的人，要达到自己的目的，就只能耍小聪明或虚张声势。然而，真正的有修养之人是没有虚荣心的。他们不计较得失，不管吃多大的亏都是乐呵呵的，看其外表，恰似愚人一样；在其心灵深处则知法明理，严格要求自己，说话做事皆合乎道与义，不自夸其智，不露其才。不对他人之长短妄加评论，凡事忍让，不骄不馁，那是一种处世境界。

智与愚，在现实中其深奥处常须久经世事后方能体悟。

东汉时，北海敬王刘睦，好读书，礼贤下士，深得光武帝喜爱。当时，他的手下人到京城去，他召见其问道："如果皇上问起我来，你将怎么说呢？"

使者说："大王忠顺孝悌，慈仁善良，敬重贤人，臣敢不如实汇报吗？"

刘睦赶紧说："吁！你这样说，我就危险了。如果你为我打算的话，只能说我自从继承王位以来，意志衰退，声色是娱，犬马是好，这样，我才能免遭祸患。"

刘睦如此，实在是深知隐其锋芒的愚拙之作用。对于皇帝之子，威望越高，皇帝越有戒心。此点，刘睦可谓知之甚深，体验颇多。

聪明反被聪明误

《孟子·尽心章句下》中说：只有点小聪明而不知道君子之道，那就足以伤害自身。盆成括做了官，孟子断言他的死期到了。盆成括果然被杀了。孟子的学生问孟子如何知道盆成括必死无疑，孟子说：盆成括这个人有点小聪明，但却不懂得君子的大道。这样，小聪明也就足以伤害他自身了。小聪明不能称为智，充其量只是知道一些小道末技。小道末技可以让人逞一时之能，但最终会祸及自身。《红楼梦》中的王熙凤，机关算尽太聪明，反误了卿卿性命，聪明反被聪明误就是这个意思。只有大智才能使人伸展自如，只有大智才是人生的依凭。

"古今得祸，精明人十居其九"。杨修恃才放旷，最终招致杀身之祸。他的才华，大智者看来，其实只是小聪明。如果杨修知道他的聪明会给他带来灾祸，他还会耍小聪明吗？所以他的愚蠢处就在于他不知道自己的聪明一定会招来灾祸。这样的人是聪明吗？显然不是。多年中，他被提拔得很慢，显然是曹操不喜欢他的缘故，对此他没有意识到。曹操对他厌恶，疑心越来越深，他也没有意识到，这就是说，该聪明的时候他反倒真糊涂起来了。如果他能迎合曹操不表现他的聪明，或适时适地适量地表现才能，那么他很可能会成功的。人们也许会说，杨修之死，关键在于曹操的聪明和他的多疑。但是换了谁，哪一个上级愿意让部下知道自己的全部心思呢？显然杨修最终注定失败。这可算是"聪明反被聪明误"的典型。罗贯中说他"身死因才误，非关欲退兵"，也只是说对了一半。他的才华太外露了，从谋略来看，尚不是真才，不是大才，那么除了灾祸降临，他还会有什么结果？曹操何等聪明之人，在他跟前，笨蛋当然不会受重用，才能太露又有"才高盖主"之嫌，非但不会受重用，还能引来灾祸。所以真正聪明的人会掌握"度"，过犹不及，就是说，太聪明反倒不如不聪明，实在是至理名言啊！

明代大政治家吕坤以他丰富的阅历和对历史人生的深刻洞察，写出了《呻吟语》这一千古处世奇书。书中说了一段十分精辟的话："精明也要十分，只需藏在浑厚里作用。古今得祸，精明者十居其九，未有浑厚而得祸者。今人之唯恐精明不至，乃所以为愚也。"

这就是说，聪明是一笔财富，关键在于使用。财富可以使人过得很好，也可以把人毁掉。凡事总有两面，好的和坏的，有利的和不利的。真正聪明的人会使用自己的聪明，主要是深藏不露，或者不到刀刃上、不到火候时不要轻易使用，一定要表现得浑厚，让人家不眼红你。一味耍小聪明的，其实是笨蛋。因为那往往是招灾惹祸的根源。无论是从政，是经商，是做学问，还是治家务农，都不能耍小聪明。

西方有这样一种说法，法兰西人的聪明藏在内，西班牙人的聪明露在外。前者是真聪明，后者则是假聪明。培根认为，不论这两国人是否真的如此，但这两种情况是值得深思的。他指出："生活中有许多人徒然具有一副聪明的外貌，却并没有聪明的实质——小聪明，大糊涂，冷眼看看这种人怎样机关算尽，办出一件件蠢事，简直是令人好笑。例如有的人似乎是那样善于保密，而保密的原因，其实只是因为他们的货色不在阴暗处就拿不出手……这种假聪明的人为了骗取有才干的虚名，简直比破落子弟设法维持一个阔面子诡计还多。但是这种人，在任何事业上也是言过其实，不可大用的。因为没有比这种假聪明更误大事的了。"

道理就是这么简单。一个不知道"急流勇退"的人实在是一个傻瓜，一个机关算尽的人最终会被算到自己身上。俗语云："搬起石头砸自己的脚"，正好是"聪明反被聪明误"的绝好写照。

大智若愚是立身之术

人们常说：傻人有傻命。为什么呢？因为人们一般懒得和傻人计较——和傻人计较的话自己岂不也成了傻人？也不屑和傻人争夺什么——赢了傻人也不是一件什么光彩的事情。相反，为了显示自己比傻人要高明，人们往往乐意关照傻人。因此，傻人也就有了傻命。

《红楼梦》中的一个主要人物是薛宝钗，其待人接物极有讲究。元春省亲与众人共叙同乐之时，制一灯谜，令宝玉及众裙钗粉黛们去猜。黛玉、湘云一干人等一猜就中，眉宇之间甚为不屑，而宝钗对这"并无甚新奇""一见就猜着"的谜语，却"口中少不得称赞，只说难猜，故意寻思"。有专家一语破"的"：此谓之"装愚守拙"，因其颇合贾府当权者"女子无才便是德"之训，实为"好风凭借力，送我上青云"之高招。这女子，实在是一等的装傻高手。

"装傻"看似愚笨，实则聪明。人立身处事，不矜功自夸，可以很好地保护自己，即所谓"藏巧守拙，用晦如明"。

"愚不可及"这个词语在生活中司空见惯，用来形容一个人傻到了无以复加的程度。但要是查一下出典，此话最早还是出于孔子之口，原先并不带贬义，反而是一种赞扬："子曰：'宁武子，邦有道则知，邦无道则愚。其知可及也，其愚不可及也。'"（《论语·公冶长》）

宁武子是春秋时代卫国有名的大夫，姓宁，名俞，武子是他的谥号。宁武子经历了卫国两代的变动，由卫文公到卫成公，两个朝代局势完全不同，他却安然做了两朝元老。卫文公时，国家安定，政治清平，他把自己的才智能力全都发挥了出来，是个智者。到卫成公时，政治黑暗，社会动乱，情况险恶，他仍然在朝做官，却表现得十分愚蠢鲁钝，好像什么都不懂。但就在这愚笨外表的掩饰下，他还是为国家做了不少事情。所以，孔子对他评价很高，说他那种聪明的表现别人还做得到，而他在乱世中为人处世的那种佯愚全身的表现，则是别人所学不来的。其实，真正学不到的是宁武子的那种不惜装傻以利国利民的情操。

制敌而不制于敌

《孙子兵法》中说：兵者，诡道也。故能而示之不能，用而示之不用，近而示之远，远而示之近。

两军对垒，聪明的将领常以假象造成对方之错觉，能而示敌以不能，使敌人松懈戒心，而自身却在积极准备，伺机制敌。本来能攻则守，有战斗力，却佯装不能攻、不能守、没有战斗力的样子，只是为了最后一举成功。

春秋时期，吴国名将伍子胥的朋友要离，个子虽然又瘦又小，却是个无敌的击剑手。他和别人比剑时，总是先取守势，待对方发起进攻，眼看那剑快刺到他的身子时，才轻轻一闪，非常灵巧地避开对方的剑锋，然后突然进攻，刺中对手。

伍子胥向他请教取胜的诀窍，要离说："我临敌先示之以不能，能骄其志；我再示之以可乘之利，以贪其心，待其急切出击而空其守，我则乘虚而突然进击。"

三国时的张飞，是以嗜酒成癖而著称的，这是他的一大弱点，经常因此误事。但这弱点也给他帮了大忙。在硬仗面前，张飞偶尔利用自己逢酒必喝、喝酒必醉、醉必打人的形象，麻痹敌人的警惕神经，诱使其上当受骗。一次，张飞在巴西一带战败张郃之后，乘胜追击，一直赶到宕渠山下。张郃利用有利的地势据山守寨，坚持不出，五十多天，相持不下。张飞见状，就在山前扎住大寨，每日饮酒，饮至大醉，又坐在山前辱骂。刘备得知后，大惊失色，急忙找诸葛亮商议。诸葛亮不但不惊慌，反而立即派人送去三车好酒，还在车上插着"军前公用美酒"的大旗。张飞得到美酒后，不但自己喝，还把美酒摆在帐前，令军士开怀大饮。

那张郃在山上见此情景，以为张飞大寨全变成了醉鬼的天下，再也按捺不住杀敌的心情，便乘夜带兵下山，直袭蜀营。当他杀到张飞的大寨时，见帐中端坐一位大汉，举枪就刺，谁知竟是一个草人！等他知道中了张飞的埋伏时，已经晚了，结果被打得大败。

能而示之以不能，是相互关联，互为条件的。有能示不能，不能是假，能是本质，是基础。这样才能在敌方麻痹时伺机攻击，战而胜之。运用这一大智若愚术，是建立在对战争全局的全面把握基础之上的，不是消极的，而是积极主动的。在现实生活中，为了达到"制敌而不制于敌"的目的，也常采用这种方法。

日本的著名拳击手轮岛功一曾经有过这么一段往事。由于前次的不幸失败而失去拳王宝座的他，决心在下回比赛中夺回冠军，于是宣布要向上届冠军挑战。但是在比赛前夕召开的记者招待会上，这名拳击手居然全身裹着厚重的大衣，还戴着口罩，频频咳嗽，精神显得异常憔悴，使在场的记者十分不安。他们想，在此重大比赛的前夕，这位老兄的身体竟然是这般状况，真是太不幸了。

相反，功一的拳击对手，身强体壮，一副自信的样子，人们都一致认定这场比赛的胜者非他莫属。然而比赛的结果竟然出乎大家预料，拳王宝座竟然被功一成功夺回。这到底是怎么回事？原来，在比赛前的记者招待会上，功一不过是在"做戏"而已，其目的是要松懈对手的戒心。

由此可见，生活中无论何种挑战，其道理是一样的。如果要松懈对手的警戒心理，就要善于运用"能而示之以不能"的大智若愚术。纵使自己具备了十分有利的条件，也万不可轻易地将它显示出来。如是，则凡事胜算大增。

聪明圣贤，守之以愚；功被天下，守之以让；勇力抚世，守之以怯；富甲天下，守之以谦。此所谓大智慧也。

傻得有胸怀，傻得有智慧

看《射雕英雄传》，忽然发现，郭靖之所以成为大侠，并不只是因为黄蓉，更多是因为他的傻。在他成功的道路上，有无数的善良人心甘情愿地为他当铺路石，黄蓉只是最大的那一块而已。

想想吧，他四肢发达，头脑简单，所有的聪明人都把他当成弱者，忙不迭地为他出谋划策，江南七怪为他贡献了下半辈子，全真派老道守着内功心法不肯指点梅超风，可是却不惜千里到他身边手把手地教他；九阴真经、降龙十八掌是人人都想要的，却无一例外落到他的手上。

人们常说：傻人有傻福。为什么？因为一般人都喜欢关照傻人。

小陈和小张一起进了公司。小陈是农村孩子，辛辛苦苦考上了上海的大学。据说他第一次坐火车上学时，是他爸爸骑自行车把他送到车站的；小张是上海本地人，学习优秀，技能多样，一看就是精干的样子。两人进了同一个部门，遇到的是同一个部门经理，待遇却大相径庭。

经理觉得小陈实在是不容易，所以不忍心打击这个在艰难中长大的孩子，觉得小陈效率低，是因为他不熟悉上海；业绩差，因为他在上海没有根基。而小陈谦虚、诚恳，看见部门经理立刻把她当成了大人物，态度恭敬，为人热情。这些给部门经理在职场上已经沧桑的心带来了极大安慰。

小张很敬业，工作上手很快，成绩斐然，可是经理觉得这是应该的，遇到小张犯了一点错误，经理会说："小张，这种错误你也会犯？聪明面孔白长了？"小张有点娇气，且大二就开始在大公司实习的她见过不少大人物，一个小小的部门经理还不在她崇拜的名单上，所以遇到经理批评她，脸色就有点难看。她的脸色难看，经理的脸色自然也好看不了。于是经理每次派给小陈的活总比小张的简单。工作业绩评估的时候，小张听见的赞扬也没有小陈多，因为小陈的态度好，主观能动性强。小张很有点不甘心。

其实小张应该看开一点，黄蓉的资质多好，洪七公却没有把降龙十八掌传给她，到了《神雕侠侣》的时候，还差点儿成了一个坏人，她不是比小张还冤？

看似精明的人成功起来的确会难一些，因为你还未开口，别人已经把你当成了假想敌，和防备着你的人合作总会有点难。或者周围的人觉得你有不错的资质，对你的期望过高也是一种阻力，因此你让他们失望的概率会更高。

如是看来，人还是傻一点好，不够傻的话，就装装傻吧。

古时有"扮猪吃虎"的计谋，以此计施于强劲的敌手，在其面前尽量把自己的锋芒收敛,"若愚"到像猪一样,表面上百依百顺,装出一副为奴为婢的卑躬模样,使对方不起疑心,一旦时机成熟,即一举把对手干掉。这就是"扮猪吃虎"的妙用。

不过,装傻实在是一门高超的大智若愚术。它需要出色的表演才能:拿出来表演的,是为了愚人耳目,真功夫却不可让人知道。或者装疯,或者装哑,或者装傻,或者装不知道。宗旨只有一个,那就是掩藏真实目的;要求也只有一个,即逼真,使旁观者深信不疑。

既是演戏,除了演技之外,顶要紧的是自信。自信自己会成功,自信自己确能愚人耳目,自信自己演技胜人一筹。这样,演起戏来才会面不改色心不跳,沉着冷静,应付自如,完全进入角色。

孔子年轻的时候,曾经受教于老子。当时老子曾对他讲:"良贾深藏若虚,君子盛德,容貌若愚。"即善于做生意的商人,总是隐藏其宝货,不令人轻易见之;而君子之人,品德高尚,而容貌却显得愚笨。其深意是告诫人们,过分炫耀自己的能力,将欲望或精力不加节制地滥用,是毫无益处的。

中国旧时的店铺里,在店面是不陈列贵重的货物的,店主总是把它们收藏起来。只有遇到有钱又识货的人,才告诉他们好东西在里面。倘若随便将上等商品摆放在明面上,岂有贼不惦记之理。不仅是商品,人的才能也是如此。俗话说"满招损,谦受益",才华出众而又喜欢自我炫耀的人,必然会招致别人的反感,吃大亏而不自知。所以,无论才能有多高,都要善于隐匿,即达到表面上看似没有,实则充满的境界。

所以聪明不露,才有任重道远的力量。人们不论本身是机巧奸猾还是忠直厚道,几乎都喜欢傻呵呵不会弄巧的人,这并不以人的性情为转移,所以,要达到自己的目标,可以通过装傻、藏巧,无形中消除可能的阻力,也就是大智若愚。

第二章
与其较真，不如装装糊涂

第二章　与其较真，不如装装糊涂

为人处世，精明练达者固然不乏其人，但世事繁杂，又何须件件分明、处处清楚？聪明时常见偏促，糊涂处却显圆融。因此古人认为：处世之策，糊涂为好。因为在糊涂的背后，隐含的是大智慧。

聪明难，糊涂尤难，由聪明转入糊涂更难。然而，正是因为其难上加难，能否由聪明转入糊涂，便成了大智与大愚的分水岭。

吕蒙正在宋太宗、宋真宗时三次任宰相。他为人处世有一个特点：不喜欢把人家的过失记在心里。他刚任宰相不久，上朝时，有一个官员在帘子后面指着他对别人说："这个无名小子也配当宰相吗？"吕蒙正假装没有听见，就走了过去。

有些官员为吕蒙正感到愤愤不平，要求查问这个人的名字和担任什么官职，吕蒙正急忙阻止了他们。

退朝以后，有个官员的心情还是平静不下来，后悔当时没有及时查问清楚。吕蒙正却对他说："如果一旦知道了他的姓名，那么我可能一辈子都忘不掉。宁可糊涂一点，不去查问他，这对我有什么损失呢？"当时的人都佩服他的气量。

如果我们明确了哪些事情可以不必在意，我们就能腾出更多的时间和精力，全力以赴认真地去做该做的事，这样我们成功的机会和希望就会大大增加；与此同时，由于我们的宽宏大量，人们也会乐于同我们交往，我们的人脉就会更加健康顺畅，事业亦伴随他人的扶持稳步走向成功。在享受友情、亲情的同时，体验着成功的快感，实乃人生的一大幸事。

外方而内圆

东晋的元老重臣王导，晚年耽于声色，不理政事，手下人怨声四起，说他老迈无用，而王导自言自语道："人言我愦愦，后人当思此愦愦。"意思是说，现在社会上的人说我昏愦无能，然而后代人将会因我现在的昏愦无能而感激我。此话怎讲？

原来当时时局动荡，大批北方人移居到南方，既给南方带来了先进的生产技术，也带来了秩序上的混乱，东晋立国之初，政局极为混乱，皇帝被权臣走马灯似的换下，王导曾被皇帝戏邀共登龙床，幸好他聪明，赶快谢绝。手下权臣之间互相倾轧，士族与庶族之间互不通婚，互不往来，士族子子孙孙享受高官厚禄，庶族世代居下，两个阶层矛盾极深。北方人南下，势必要侵扰南方人的利益，形成南北之争，加之北方少数民族时来侵扰，民心甚为不安。这一切对王导来说，简直就是剪不断，理还乱，甚至是越理越乱，因为只要他偏袒任何一方，都可能引起双方大的争斗，从而影响到政局的稳定，立国之初，根基本来就是稳不住的。只见他稳坐本位，无为而治，做和事佬。争斗的双方势力此消彼长后，政局也就稳定下来了，他死后，东晋的生产恢复起来，有了一定的中兴气象。难怪后代史家都评论此人是个聪明官。

为了保存实力，达到好的目的，有时不得不装聋作哑。

孙子说："混混沌沌，形圆而不可败也。"

人际交往中也存在着"形"的问题，运用"形圆"的原则，关键要懂得"形"的作用，外圆而内方。圆，是为了减少阻力，是方法，是立世之本，是实质。

船体，为什么不是方形而总是圆弧形的呢？那是为了减少阻力，更快地驶向彼岸。人生也像大海，交际中处处有风险，时时有阻力。我们是与所有的阻力较量，拼个你死我活，还是积极地排除万难，去争取最后的胜利？

生活是这样告诉我们的：事事计较、处处摩擦者，哪怕壮志凌云，聪明绝顶，如果不懂"形圆"，缺乏驾驭感情的意志，往往会碰得焦头烂额，一败涂地。

威名赫赫的蜀国名将关羽，就是一个典型的例子。

若说关羽的武功盖世超群，没有人会质疑。"温酒斩华雄""过五关斩六将""单刀赴会"，等等都是他的英雄写照。但他最终却败在一个被其视为"孺子"的吴国将领之手。究其原因，是他不懂人心，不懂"形圆"。他虽有万夫不当之勇，但为人心胸狭窄，不识大体。除了刘备、张飞等极个别的铁哥们之外，其他人都不放在眼里。他一开始就排斥诸葛亮，是刘备把他说服，继而排斥黄忠，后来也和部下糜芳、傅士仁不和。他最大的错误是和自己国家的盟友东吴闹翻，破坏了蜀国"北拒曹操，东和孙权"的基本国策。在与东吴的多次外交斗争中，凭着一身虎胆、好马快刀，从不把东吴人包括孙权放在眼里，不但公开提出荆州应为蜀国所有，还对孙权等人进行人格污辱，称其子为"犬子"，使吴蜀关系不断激化，最后，东吴一个偷袭，使关羽地失人亡。

《菜根谭》中说"建功立业者，多虚圆之士"，意思是建大功立大业的人，大多都是能谦虚圆活的人。

北宋名相富弼年轻时，曾遇到过这样一件事，有人告诉他："某某骂你。"富弼说："恐怕是骂别人吧。"这人又说："叫着你的名字骂的，怎么是骂别人呢？"富弼说："恐怕是骂与我同名字的人吧。"后来，那位骂他的人听到此事后，自己惭愧得不得了。明明被人骂却认为与自己毫无关系，并使对手自动"投降",这可说是"形圆"之极致了。富弼后来能当上宰相,恐怕与他这种高超的"形圆"处世艺术很有关系。但富弼又绝不是那种是非不分,明哲保身的人,他出使契丹时,不畏威逼,拒绝割地的要求。在任枢密副使时,与范仲淹等大臣极力主张改革朝政,因此遭谤,一度被摘去了"乌纱帽"。

在现实生活中,每个人都会面临许多人际间的矛盾,如何处理呢?

富弼为我们树立了一个很好的榜样,就是做人既要外形"圆活",心胸豁达,与人为善;又要内心"方正",坚持原则,维护自己的独立人格。

糊涂之理正是一种随方就圆、游刃有余的人生智慧。水自漂流云自闲,花自零落树自眠。于狭窄处,退一步,糊涂一事,得一人生宽境;遇崎岖时,让三分,糊涂一时,开一人生坦途。于是,糊涂成了人生的润滑剂,智者抽身来,抽身去,出世、人世,均通达无碍了。

糊涂是一种大智,纵目可及三千里,才能忍得闲气小辱,才能食苦若饴,从中得到滋养;糊涂是一种大智,能容纳天地,才能不为利急,不为名躁,左右逢源,进退有据;糊涂是一种大智,是一种能勘破世事,也能勘破自己的大智。给自己一个假面,又不怕丢失自己。

糊涂是一挑纸灯笼,智慧是点燃的灯火。灯亮着,灯笼也亮着,便好照路;灯熄了,它也就如同深夜一般漆黑了。

不争才是最大的争

虚——天地之大,以无为心;圣人虽大,以虚为主。有道是虚己待人就能接受人,虚己接物就能容纳万物,虚己用世就能圆融于世。只有先虚己,才能承受百实,化解百怨。虚己是处世求存的良策之一,人能虚己无我,就能与人无争、与物无争，而不争反能亲近于人、抚育万物。如水润万物，不争而全得，不争之争，方为上策。

虚而不实、不争，才不致受外物迷惑引诱，才能坚守内心的真我，保持本色的风格。虚己能随时培养自己的机息，处处保留回旋的余地，任凭纷争无限，皆可全身而存。

"虚"能不骄不娇，接受万事万物的挑战，从中领受有益的养分以滋养自身，充盈自我。虚怀若谷，就是不自负，不自满，不粘不滞，不武断，学习他人之长，反省自己之短，如此则他人才会乐意助你，也就是说成功已不远矣。

老子说："道是看不见的虚体，宽虚无物，但它的作用却无穷无尽，不可估量。它是那样深沉，好像是万物的主宰。它磨掉了自己的锐气，不露锋芒，解脱了纷乱烦扰，隐蔽了自身的光芒，把自己混同于尘俗。它是那样深沉而无形无象，好像存在，又好像不存在。"老子又说："圣人治理天下，是使人们头脑简单、淳朴，填满他们的肚腹，削弱他们的意志，增强他们的健康体魄。尽力使心灵的虚寂达到极点，使生活清静、坚守不变，使万物都一齐蓬勃生长，从而考察它往复的道理。"这些都说明了静虚的大作用。从道家的观念看来，他们处世，贵在"以虚无为根本，以柔弱为实用。随着时间的推移，因顺万物的变化"。

虚，就能容纳万事万物，无就能生长，就能变化；柔就不刚而能圆融，弱就不争胜而可持守。随同时间的推移，能不断地变化而自省，顺应万物，和谐相宜。虚己待人就能接受他人，虚己接物就能容纳万物，虚己用世就能转圜于世，虚己用天下就能包容天下。

虚己的能量，大的方面足以容纳世界，小的方面也能保全自身。虚戒极、戒盈，极而能虚就不会倾斜，盈而能虚就不会外溢。

身处高位而倚仗权势，足以引来杀身之祸，胡惟庸、石亨就是这样。有士才而不谦虚，足以引来杀身之祸，卢柟、徐渭就是这样。积财而不散，足以招杀身之祸，沈万三、徐百万就是这样。恃才妄为，足以招杀身之祸，林章、陆成秀就是这样。异端横议，足以招杀身之祸，李贽、达观就是这样。反之，就能免除祸殃。这些人的后果都是不能虚己造成的。

鲲鹏歇息六个月后，振翅高飞，能扶摇直上九万里。做官不懂息机，不扑则蹶。所以说知足不会受辱，知止没有危险。贵极征贱，贱极征贵，凡事都是如此。到了最极端而不可再增加，势必反轻。居在局内的人，应经常保留回旋的余地。伸缩进退自如，就是处世的好方法。

能够虚己的人，自然能随时培养自己的机息，处处保留回旋的余地，不仅能全身，而且还可以培养自己的度量。

虚己处世，千万求功不可占尽，求名不可享尽，求利不可得尽，求事不可做尽。如果自己感觉到处处不如人，便要处处谦下揖让；自己感觉到处处不自足，便要处处恬退无争。

历史记载东汉时期建初元年（公元76年），肃宗即位，尊立马后为太后，准备对几位舅舅封爵位，太后不答应。第二年夏季大旱灾，很多人都说是不封外戚的原因。太后下诏谕说："凡是说及这件事的人，都是想献媚于我，以便得到福禄。从前王氏五侯，同时受封，黄雾四起，也没有听说有及时雨来回应。先帝慎防舅氏，不准在重要的位置，怎么能以我马氏来对比阴氏呢？"太后始终坚决不同意。肃宗反复看诏书，很是悲叹，便再请求太后。太后回道："我曾经观察过富贵的人家，禄位重叠，好比结实的树木，它的根必然受到伤害。而且人之所以希望封侯，是想上求祭祀，下求温饱。现在祭祀则受四方的珍品，饮食就受到皇府中的赏赐，这还不满足吗？还想得到封侯吗？"这不仅是马后能居高思倾，居安思危，处己以虚，持而不盈，而且还能使各位舅氏处于"虚而不满"之中，以避免后来的嫉妒与倾败的远见。在这段话中，还能看到她公正无私、识大体的胸怀。

才在于内，用在于外；贤在于内，做在于外；有在于内，无在于外。这就是以虚为大实，以无为大有，以不用为大用的道理。人们取实，我独取虚；人们取有，我独取无；人们都争上，我独争下；人们都争有用，我独争无用。这是道家处世的妙理。争取的是小得、小有、小用，不争的才是大得、大有、大用。

所以庄子说："山上的树木长大了，自然用来作燃料；肉桂能食，所以遭到砍伐；胶漆有益，所以受到割取；人们都知道有用的作用，而不知道无用的作用。"所以我们不要以精神去寻求利益，不要以才能去寻求事业，不要以私去害公，不要以自己去连累他人，不要以学问去穷究知识，不要以死劳累生。

河蚌因珍珠珍贵稀少而受伤害，狐狸因皮毛珍贵而被猎取。有弘羊之心的人，应该隐藏起意愿而不刻意彰显，把有形隐藏到无形之中，把自有隐藏到虚无之中，做到如古人所说"大直若屈，大巧若拙，大辩若讷"的境界，才能体会到虚己的妙用。

糊涂一点又何妨

清朝画家郑板桥有一方闲章，曰"难得糊涂"，这四个字一经刻出，便立刻成了很多人津津乐道的座右铭。仿佛有许多人生的玄机一下子从这四个字里折射出了哲学的光辉。

在我们身边，无论同事还是邻里之间，甚至萍水相逢的路人之间，不免会产生些摩擦，引起些烦恼，如若斤斤计较，患得患失，往往越想越气，这样很不利于身心健康。如做到遇事糊涂些，自然烦恼会少得多。

人生在世，智总觉短、计总觉穷，纷纷扰扰、热热闹闹在眼前，又有几人能看清？常言道：不如意事总八九，可与人言无二三。天地间，立人处事，总有许多盘盘曲曲、枝枝节节，即便胸中有万丈光芒，托出来也不过就是那丁点儿亮。于是，俯仰之间，总觉得被拘着、束着、挤着、磨着，好比那郑板桥，硬着头皮做清官、好官，却屡屡遭贬、被逐，无奈掷印辞官，弹掉几两乌纱，自抓一身搔痒，自讨几分糊涂下酒，于是，身心俱轻。正是：行到水穷处，坐看云起时。此一糊涂，人生境界顿开，先前舍不下的成了笔底烟云；先前弄不懂的成了淋漓墨迹。因此，你不得不承认糊涂是一种智慧，犹似雾里看花、水中望月，径取朦胧捂眼，而心成闲云。

有一则外国寓言说，在科罗拉多州长山的山坡上，竖着一棵大树的残躯，它已有400多年历史。在它漫长的生命里，被闪电击中过14次，无数的狂风暴雨袭击过它，它都岿然不动。最后，一小队甲虫却使它倒在了地上。这个森林巨人，岁月不曾使它枯萎，闪电不曾将它击倒，狂风暴雨不曾使它屈服，可是，却在一些可以用手指轻轻捏死的小甲虫持续不断的攻击下，终于倒了下来。这则寓言告诉我们，人们要提防小事的攻击，要竭力减少无谓的烦恼，要"糊涂"，否则，小烦恼有时候是足以让一个人毁灭的。我们活在世上只有短短的百年左右，不要浪费许多无法补回的时间，去为那些很快就会被所有人忘了的小事烦恼。生命太短促了，在这一类问题上糊涂一些吧，不要再为小事垂头丧气。

"难得糊涂"是一剂处惑之良药，直切人生命脉。按方服药，即可贯通人生境界。所谓一通则百通，不但除去了心中的滞障，还可临风吟唱、拈花微笑、衣袂飘香。

真放肆不在饮酒高歌，假矜持偏于大庭卖弄；看明世事透，自然不重功名；认得当下真，是以常寻乐地。

凡事不可太较真

　　孟子认为，君子之所以异于常人，便是在于其能时时自我反省。即使受到他人的不合理的对待，也必定先躬省自身，自问是否做到仁的境界，是否欠缺礼，否则别人为何如此对待自己呢。等到自我反省的结果合乎仁也合乎礼了，而对方强横的态度却仍然未改，那么，君子又必须反问自己：我一定还有不够真诚的地方，再反省的结果是自己没有不够真诚的地方，而对方强横的态度依然故我，君子这时才感慨地说："他不过是个荒诞的人罢了。这种人和禽兽又有何差别呢？对于禽兽根本不需要斤斤计较。"

　　每个人都生活在社会中，有人的地方自然会有矛盾。有了分歧不知怎么办，很多人就喜欢争吵，非论个是非曲直不可。其实这种做法很不明智，吵架又伤和气又伤感情，不值。不如大事化小，小事化了。俗话说家和万事兴，推而广之，人和也万事兴。人际交往中切不可太认死理，装装糊涂于己于人都有利。

　　事实上，按照一般常情，任何人都不会把过去的记忆像流水一般地抛掉。就某些方面来讲，人们有时会有执念很深的事，甚至会终生不忘，当然，这仍然属于正常之举。谁都知道，怨恨会随时随地有所回报，所以，为了避免招致别人的怨愤或者少得罪人，一个人行事需小心在意。《老子》中据此提出了"报怨以德"的思想，孔子也曾提出类似的话来教育弟子，其思想均是叫人处事时心胸要豁达，以君子般的坦然姿态应付一切。

　　《庄子》中对如何不与别人发生冲突也做过阐述。有一次，有一个人去拜访老子。到了老子家中，看到室内凌乱不堪，心中感到很吃惊，于是，他大声咒骂了一通扬长而去。翌日，又回来向老子道歉。老子淡然地说："你好像很在意智者的概念，其实对我来讲，这是毫无意义的。所以，如果昨天你说我是马的话我也会承认的。因为别人既然这么认为，一定有他的根据，假如我顶撞回去，他一定会骂得更厉害。这就是我从来不去反驳别人的缘故。"

从这则故事中可以得到如下启示：在现实生活中，当双方发生矛盾或冲突时，对于别人的批评，除了虚心接受之外，还要养成毫不在意的功夫。人与人之间发生矛盾的时候太多了，因此，一定要心胸豁达，有涵养，不要为了不值得的小事去与人争论。而且生活中常有一些人喜欢论人短长，在背后说三道四，如果听到有人这样谈论自己，完全不必理睬这种人。只要自己能自由自在按自己的方式生活，又何必在意别人说些什么呢？

做人固然不能玩世不恭，游戏人生，但也不能太较真，认死理。"水至清则无鱼，人至察则无徒"，太认真了，就会对什么都看不惯，连一个朋友都容不下，把自己同社会隔绝开。镜子很平，但在高倍放大镜下，就成了凹凸不平的山峦；肉眼看很干净的东西，拿到显微镜下，满目都是细菌。试想，如果我们"戴"着放大镜、显微镜生活，恐怕连饭都不敢吃了。再用放大镜去看别人的毛病，恐怕许多人都会被看成罪不可恕、无可救药的了。

人非圣贤，孰能无过。与人相处就要互相谅解，经常以"难得糊涂"自勉，求大同存小异，能容人，你就会有许多朋友，且左右逢源，诸事遂愿；相反，过分挑剔，"明察秋毫"，眼里不揉半粒沙子，什么鸡毛蒜皮的小事都要论个是非曲直，容不得人，人家也会躲你远远的，最后，你只能关起门来当"孤家寡人"，成为使人避之唯恐不及的异己之徒。古今中外，凡是能成大事的人都具有一种优秀的品质，就是能容人所不能容，忍人所不能忍，善于求大同，存小异，团结大多数人。他们具有宽阔的胸怀，豁达而不拘小节；

大处着眼而不会鼠目寸光；从不斤斤计较，纠缠于非原则的琐事，所以他们才能成大事、立大业，使自己成为不平凡的人。

但是，如果要求一个人真正做到不较真、能容人，也不是简单的事，首先需要有良好的修养、善解人意的思想，并且需要经常从对方的角度设身处地地考虑和处理问题。多一些体谅和理解，就会多一些宽容，多一些和谐，多一些友谊。比如，有些人一旦做了官，便容不得下属出半点毛病，动辄横眉立目，发怒斥责，属下畏之如虎，时间久了，必积怨成仇。许多工作并不是你一人所能包揽的，何必因一点点毛病便与人怄气呢？如若调换一下位置，站在挨训人的立场，也许就会了解这种急躁情绪之弊端了。

有位同事总抱怨他们家附近小店卖酱油的售货员态度不好，像谁欠了她钱似的。后来同事的妻子打听到了女售货员的情况，她丈夫有外遇离了婚，老母瘫痪在床，上小学的女儿患哮喘病，每月只能开四五百元工资，一家人住在一间15平方米的平房。难怪她一天到晚愁眉不展。这位同事从此再不计较她的态度了，甚至还建议大家都帮她一把，为她做些力所能及的事。

在公共场所遇到不顺心的事，实在不值得生气。有时素不相识的人冒犯你，肯定是有原因的，不知哪些烦心事使他情绪恶劣，行为失控，正巧让你赶上了，只要不是恶语伤人、侮辱人格，我们就应宽大为怀，或以柔克刚，晓之以理。总之，没有必要与这位原本与你无仇无怨的人瞪着眼睛较劲。假如较起真来，大动肝火，枪对枪、刀对刀地干起来，再酿出个什么严重后果来，那就太划不来了。与萍水相逢的陌路人较真，实在不是聪明人做的事。假如对方没有文化，与其较真就等于把自己降低到对方的水平，很没面子。另外，从某种意义上说，对方对你的冒犯是发泄和转嫁他心中的痛苦，虽说我们没有义务分摊他的痛苦，但却可以用你的宽容去帮助他，使你无形之中做了件善事。这样一想，也就会容忍他了。

人生有许多事不能太认真，太较劲。特别涉及人际关系，错综复杂，盘根错节。太认真，不是扯着胳臂，就是动了筋骨，越搞越复杂，越搅越乱乎。顺其自然，装一次糊涂，不丧失原则和人格；或为了公众为了长远，哪怕暂时忍一忍，受点委屈也值得，心中有数（树），就不是荒山。"糊涂"是既可免去不必要的人事纠纷，又能保持人格纯净的妙方。

"难得糊涂"原本就是缘由"不公平"而发的。世道不公，人世不公，待遇不公，要想铲除种种不公又不可能，或自己无能，那就只好祭起这面"糊涂主义"的旗帜，为自己遮盖起心中的不平。假如能像济公那样任人说他疯，笑他癫，而他本人则毫不介意，照样酒肉穿肠过，"哪里不平哪有我"，专拣达官显贵"开涮"，专替穷苦人、弱者寻公道，我行我素，自得其乐。这种癫狂，半醒半醉，亦醉亦醒，也不失为一种"糊涂"。

忘却未尝不是幸福

很多人为记忆而活着。记忆就像一本独特的书，内容越翻越多，而且描叙越来越清晰，越读就会越沉迷。但是，也有很多人是为忘却而活着的，过去的一切事情对他来说都是过眼烟云，不计较过去，不眷恋历史，不归还旧账，只顾眼前的现在。

忘却未尝不是一种幸福，因为人生并不像期望的那么充满诗情画意，那么快乐自在。人生中有许多苦痛和悲哀、有令人厌恶和心碎的东西，如果把这些东西都储存在记忆之中的话，人生必定越来越沉重，越来越悲观。实际上的情景也正是这样。当一个人回忆往事的时候就会发现，在人的一生中，美好快乐的体验往往只是瞬间，占据很小的一部分，而大部分时间则伴随着失望、忧郁和不满足。

人生既然如此，忘却有什么不好呢？它能够使我们忘掉幽怨，忘掉伤心事，减轻我们的心理重负，净化我们的思想意识；可以把我们从记忆的苦海中解脱出来，忘记我们的悔恨，利利索索地做人和享受生活。

那么，我们在生活中要学会忘记什么呢？一要忘记仇恨。一个人如果在头脑中种下仇恨的种子，夜里梦里总是想着怎么报仇，他的一生可能都不会得到安宁。二要忘记忧愁。多愁善感的人，他的心情长期处于压抑之中而得不到释放。忧伤肺，忧愁的结果必然多疾病。《红楼梦》里的林黛玉不就是如此吗？在我们生活中，忧愁并不能解决任何问题。三要忘记悲伤。生离死别，的确让人伤心。黑发人送白发人，固然伤心；白发人送黑发人，更叫人肝肠欲断。一个人如果长时间沉浸在悲伤之中，对于身体健康是有很大影响的。与忧愁一样，悲伤也不能解决任何问题，只是给自己、给他人徒添烦恼。逝者长已矣，存者且偷生。理智的做法是应当学会忘记悲伤，尽快走出悲伤，为了他人，也为了自己。

"人生不满百，常怀千岁忧"，有何快乐可言？生活中有些是需要忘记的。在生活中会"忘却"的人才活得潇洒自如。当然，在生活中真的健忘，丢三落四，绝非乐事。我们说学会"忘却"，是说该忘记时不妨"忘记"一下，该糊涂时不妨"糊涂"一下。

古来大圣大贤，寸针相对；世上闲言闲语，一笔勾销。

治家当用"糊涂法"

清官难断家务事，在家里更不要较真，否则你就愚不可及。老婆孩子之间哪有什么原则、立场的大是大非问题，都是一家人，何以要用"异己分子"的眼光看问题，分出个对和错来，又有什么意思呢？

人在单位、在社会上充当着各种各样的角色，恪尽职守的国家公务员、精明体面的职员、商人，还有教师、工人；一回到家里，脱去西装，也就是脱掉了你所扮演的这一角色的"行头"，即社会对这一角色的规范和要求，还原了你的本来面目，使你可以轻松愉悦地享受天伦之乐。假若你在家里还跟在社会上一样认真、一样循规蹈矩，每说一句话、做一件事还要考虑对错、妥否，顾忌影响、后果，掂量再三，那不仅可笑，也太累了。

我们的头脑一定要清楚，在家里你就是丈夫、是妻子、是父母。所以，处理家庭琐事要采取"糊涂"政策，安抚为主，大事化小，小事化了，不妨和和稀泥，当个笑口常开的和事佬。

具体说来，做丈夫的要宽厚，在钱物方面睁一只眼、闭一只眼，越马马虎虎越得人心，妻子对娘家偏点心眼，是人之常情，你根本就别往心里去计较，那才能显出男子汉宽宏大量的风度。妻子对丈夫的懒惰等种种难以容忍的毛病，也应采取宽容的态度，切忌唠叨起来没完，嫌他这、嫌他那，也不要在丈夫偶尔回来晚了或接到女士的电话时，就给脸色看，鼻子不是鼻子脸不是脸地审个没完。看得越紧，逆反心理越强。只要你是个自信心强、有性格有魅力的女人，丈夫自然不会乱来，心思自然放在你身上。就怕你对丈夫太"认真"了，让他感到是戴着枷锁过日子，进而对你产生厌倦，那才会发生真正的危机。家庭是避风的港湾，应该是温馨和谐的，千万别把它演变成充满火药味的战场，狼烟四起，鸡飞狗跳，关键就看你怎么去把握了。

唐代宗时，郭子仪在扫平"安史之乱"中战功显赫，成为复兴唐室的元勋。因此，唐代宗十分敬重他，并且将女儿升平公主嫁给郭子仪的儿子郭暧为妻。这小两口都自恃有老子作后台，互相不服软，因此免不了口角。

有一天，小两口因为一点小事拌起嘴来，郭暧看见妻子摆出一副臭架子，根本不把他这个丈夫放在眼里，愤愤不平地说："你有什么了不起的，就仗着你老子是皇上！实话告诉你吧，你爸爸的江山是我父亲打败了安禄山才保全的，我父亲因为瞧不起皇帝的宝座，所以才没当这个皇帝。"在封建社会，皇帝唯我独尊，任何人想当皇帝，就可能遭满门抄斩的大祸。升平公主听到郭暧敢出此狂言，感到一下子找到了出气的机会，抓住了他的把柄，立刻奔回宫中，向唐代宗汇报了丈夫刚才这番大逆不道的话。她满心以为，代宗会因此重惩郭暧，替她出口气。

唐代宗听完女儿的汇报，不动声色地说："你是个孩子，有许多事你还不懂。我告诉你吧，你丈夫说的都是实情。天下是你公公郭子仪保全下来了，如果你公公想当皇帝，早就当上了，天下也早就不是咱李家所有了。"并且对女儿劝慰一番，叫女儿不要抓住丈夫的一句话，乱扣"谋反"的大帽子，小两口要和和气气地过日子。在父皇的耐心劝解下，公主消了气，自动回到郭家。

这件事很快被郭子仪知道了，可把他吓坏了。他觉得，小两口打架不要紧，儿子口出狂言，迹近谋反，这着实叫他恼火万分。郭子仪即刻令人把郭暧捆绑起来，并迅速到宫中面见皇上，要求皇上严厉治罪。可是，唐代宗却和颜悦色，一点也没有怪罪的意思，还劝慰说："小两口吵嘴，话说得过分点，咱们当老人的不要认真了。不是有句俗话吗：'不痴不聋，不为家翁'，儿女们在闺房里讲的话，怎好当起真来？咱们做老人的听了，就把自己当成聋子和瞎子，装作没听见就行了。"听到老亲家这番合情合理的话，郭子仪的心里就像一块石头落了地，顿时感到轻松，眼见得一场大祸化于无形。

虽然如此，为了教训郭暧的胡说八道，回到家后，郭子仪将儿子重打了几十杖。

小两口关起门来吵嘴，在气头上，可能什么激烈的言辞都会冒出来。如果句句较真，就将家无宁日。唐代宗用"老人应当装聋作哑"来对待小夫妻吵嘴，不因女婿讲了一句近似谋反的话而上纲上线，化灾祸为欢乐，使小两口重归于好。有些事情，你非要去较真，就会愈加麻烦，相反你若装痴作聋，来他个"难得糊涂""无为而治"，也许会有满意的结果。

当然，在家庭生活中，不能一味地糊涂，该明白的时候，也要明白。像丈夫对妻子的关心，如果在一些小事、小细节上表现出来，妻子会感到温暖、满足。比如，妻子下班回到家，丈夫帮助拿东西，或者递上一双拖鞋，说一句"辛苦啦"，都会使妻子感到心里暖乎乎的。卡耐基说过这样一句话："大多数的男人，忽略在日常的小地方上表示体贴。他们不知道，爱的失去，都在小小的地方。"所以，在维护夫妻感情的事情上，无论大事还是小事都不应糊涂。

再有，"小事糊涂"绝非事事糊涂，处处糊涂。若在大是大非面前不分青红皂白，不讲原则，那就真成了糊涂虫了。比如，一方道德败坏，作风腐败，或者违法犯罪，就不要一味迁就，该拿起法律的武器依法维护自身权利的时候，坚决不能手软。

总之，"小事糊涂"有益健康，有益家庭和睦。夫妻之间糊涂一点，大度一点就会使夫妻关系更和谐。糊涂的女人是幸福的女人，同样，糊涂的男人也是幸福的男人。

观世态之极幻，则浮云转有常情，咀世味之昏空，则流水翻多浓旨。

装糊涂也要有分寸

台湾著名女作家罗兰认为：当一个人碰到感情和理智交战的时候，常会发现越是清醒，越是痛苦。因此，有时候对于一些人和事"真是不如干脆糊涂一点好"。她同时还认为：一时的糊涂，人人都有。永远的糊涂就会成为笑话。喜欢故意犯犯错误，装装糊涂，或虽然无意之间犯下了错误，但可以再用自己的聪明去纠正弥补的，那是聪明人，或者我们不妨说，那是聪明而且又有胆量的人。从来不去犯错误，也不装糊涂，一生规规矩矩的人大概是神仙。从来不去犯错误，又不知道自己该从糊涂中清醒，或根本不知道怎样才可以使自己清醒的人，就是傻子。英国评论家柯尔敦也说："智者与愚者都是一样的愚蠢，其中的差别在于，愚者的愚蠢，是众所周知的，唯独自己不知觉，而智者的愚蠢，是众所不知，而自己却十分清楚的。"

由此可见，装装糊涂，既是处世的聪明，又是需要勇气的。很多人一事无成，痛苦烦恼，就是自认为自己聪明，而又缺乏"装装糊涂"的勇气。当然，在人生的长河中，或者在一些具体的人和事上，假装糊涂，并不是阿Q式的自我满足，自我麻醉，自我欺骗。在糊涂与清醒之间，在糊涂与聪明之间，随时随地都要注意掌握应有的分寸，即知道自己何时该聪明，何时该糊涂。该糊涂的时候，一定要糊涂；而该聪明、清醒的时候，则不能够再一味地糊里糊涂，一定要聪明。这实际上也是一个"出"与"入"的问题，即知道自己在适当的时候"从糊涂中入，从聪明中出"；或者在适当的时候"从聪明中入，从糊涂中出"，如此出出入入，由聪明而转为糊涂，由糊涂而转为聪明，则才能左右逢源，不为烦恼所扰，不为人事所累。

所谓"大智若愚"，有十分丰富的内涵。而作为个人来讲，若愚，正是大智的表征或结果。

宋代吕端是一个有名的宰相，他在小事上很会装糊涂，而在大事上，在需要决断时则又非常聪慧和果敢。吕端小事糊涂，发生了很多故事。所以，当初宋太宗要起用吕端为相时，有人就向太宗劝告："吕端为人糊涂，不可重用。"宋太宗则颇为赞赏他，说："吕端小事糊涂大事不糊涂。"于是决意以吕端为相。

当宋太宗病危时，内侍王继恩嫉恨太子英明过人，暗中同参知政事李昌龄等打算立楚王元佐为王位继承人。宰相吕端到宫禁中去探问皇帝的病情，发觉太子不在皇帝身边，怀疑其中有变，就在笏上写了"病危"两个字，命令亲近可靠的官员请太子立即入宫侍候。太宗死了，李皇后叫王继恩来召吕端进宫。吕端知道情况有变化，立即哄骗王继恩，让他领着进书阁检查太宗先前所赐的手写的诏书，把王继恩锁起来才入宫。皇后说："皇帝已经去世了，立太子应当立长子，这是顺理成章的事。"吕端说："先帝立太子，就在今天。现在天子刚刚离去，难道可以马上就违抗天子的命令，在王位继承人问题上提出别的不同说法吗？"于是就拥戴太子继承王位。宋真宗登上王位后，在进行登基仪式时，天子座位前垂着帷帘接见群臣。吕端平正地站在殿下，先不拜天子，而是请求天子卷起帷帘，他上殿仔细看过，认清了确实是原太子，然后才下台阶，带领群臣拜见天子，高呼万岁。

因此吕端小事糊涂，正是装糊涂，正是大智若愚，正是不耍小聪明，而在必要时，才表现出大智的另一面：超凡绝伦的见识与决断。

身要严重，意要闲定；色要温雅，气要和平；语要简徐，心要光明；量要阔大，志要果毅；机要缜密，事要妥当。

第三章
德行是一个人最宝贵的财产

第三章 德行是一个人最宝贵的财产

明朝末年，一对外地夫妇在京城开了一家"胡记客栈"。本钱小，店不大，一直惨淡经营着。

在胡姓夫妇苦苦支撑着店面时，京城里行乞的一些乞丐，常三五成群登门乞讨。胡姓夫妇不像其他店主一样，见到乞丐就呵斥辱骂，而是满脸堆笑，尽可能给乞丐们一些热饭热菜。好在当年的乞丐各有地盘，打搅他们的还不致太多。

日子就这样一天一天地过着。一天深夜，胡记客栈隔壁的一家做绸缎生意的店铺忽然失火，大火很快殃及了胡记客栈。

胡姓夫妇急急地张罗着几个客人外出躲避，根本无力阻止即将漫过来的熊熊大火。正当他们束手无策之时，只见那群平常天天上门乞讨的乞丐不知从哪里钻了出来，在老乞丐的率领下，冒着生命危险爬上客栈屋顶，三下五除二就掀掉了客栈毗邻绸缎铺的半个房顶。这样，尽管绸缎铺烧成了灰烬，但大火却没有扩散到胡记客栈。客栈虽然也遭受了一点小小的损失，但最终保住了。

火灾过后，人们都说这是夫妇俩平时的善行得到了回报，要是没有那些平时受他们施舍的乞丐们出力，胡记客栈肯定片瓦无存。

一个人的德行是他最宝贵的财产，它构成了人的地位和身份本身，它是一个人在信誉方面的全部财产。它比财富更具威力，它使所有的荣誉都毫无偏见地得到保障，比其他任何东西都更显著地影响别人对他的信任和尊敬。

爱产生爱，恨产生恨

《易经》有坤卦，其《大象》曰："天行健，君子以自强不息。地势坤，君子以厚德载物"。大意是人有聪明和愚笨，就如同地形有高低不平，土壤有肥沃贫瘠之分。农夫不会为了土壤贫瘠而不耕作，君子也不能为了愚笨不肖而放弃教育。天地间有形的东西，没有比大地更厚道的了，也没有不是承载在大地上的。所以君子处世要效法"坤"的意义，以厚德对待他人，无论是聪明、愚笨还是卑劣不肖的，都应一视同仁。

与任何人相处，都要平等待人，不高人一等、故作姿态，不自以为是，不要在别人的背后评头品足、说三道四和指手画脚，始终保持友好平等的姿态与对方说话和办事，才不至于伤及他人的面子和自尊心，才有可能与别人保持友好关系，才有助于做好自己的工作和事业。

孟子把"天时、地利、人和"看作战争中的三个要件，其实，战争如此，工作事业如此，人生的成败也是如此。

"和为贵"，这是古今中外成功者最推崇的处世哲学。《菜根谭》里这样写道："天地之气，暖则生，寒则杀。故性气清冷者，受享亦凉薄。唯和气热心之人，其福必厚，其泽亦长。"

在社会上或在工作中，人与人的关系是一种相互依存的关系，我们不仅肩负着共同的事业，而且也有很多工作必须依靠大家协作才能完成，否则，互相拆台，暗中作梗，明处捣乱，要想把一件事情做好是不可能的。而让周围的人都能齐心协力、团结合作，自然需要有和谐的气氛。倘若同事之间情感上互不相容，气氛上别扭紧张，就不可能团结一致地完成工作任务。

当然，每个人都有自己的个性、爱好、追求和生活方式，因各自的教养、文化水平、生活经历等不同，不可能也不必要求每个人都处处与他所处的群体合拍，但是，任何一项事业的成功，都不可能仅靠一个人的力量，谁也不愿意成为群体中的不团结因素，被别人嫌弃而"孤军作战"。俗话说"人心齐泰山移"，只要我们在集体中都能团结一致、友善待人，就没有克服不了的困难。

友善待人，平等尊重，是与人相处的基础。应该主动热情地与周围的人接近，表示一种愿意与人交往的愿望。如果没有这种表示，别人可能会以为你希望独立，不敢来打扰。切忌表露出孤芳自赏、自诩清高的态度，使人产生你高人一等的感觉。不平等的态度，永远不会赢得友谊。

言谈举止也是非常重要的。谈话应选择别人感兴趣、听了愉快的话题，使人觉得你是个谈得拢的朋友，只有让人从你的言谈中得到乐趣，别人才会愿意与你交谈。我们反对一味地曲意迎合，但是善意、友好地称赞会使人愉快，刻薄、不善意的取笑会让人感到自尊心受到伤害而不和你接近。

任何人和任何事情都不可能尽善尽美、尽如人意，善于发现别人的长处，认识到大多数人都是通情达理的，会使自己以宽容的态度与人相处。谁都会有不顺心的时候，善于克制自己的情绪，约束自己的行为，而在别人产生消极行为和情绪时又能予以谅解，这正是一种有教养的表现，它会使人处处感到你的友好。

其实，任何人都不难相处，能否友好相处，主要取决于自己。一所大学的研究结果表明，显示一种真正以友谊待人的态度，有60%～90%的高概率是可以引起对方友好的反应的。领导此项研究的学者总结说："爱产生爱，恨产生恨，这句话大致是不会错的。"

与周围的人保持和气与友爱，最大的原则是不要胡乱批评，尽量少批评或委婉批评。

江士顿是一家工程公司的安全协调员。他的职责之一是监督在工地工作的员工是否戴上安全帽。他说一碰到没有戴安全帽的人，他就官腔官调地告诉他们，要他们必须遵守公司的规定。员工虽然当时接受了他的纠正，却满肚子的不高兴，而常常在他离开以后，又把安全帽拿了下来。

他决定采取另一种方式。他再发现有人不戴安全帽的时候，就问他们是不是安全帽戴起来不舒服，或者有什么不适合的地方。然后他以令人愉快的声调提醒他们，戴安全帽的目的是在保护他们不受到伤害，建议他们工作的时候一定要戴安全帽。结果是遵守规定戴安全帽的人愈来愈多，而且不会造成愤恨或情绪上的不满。

平生不做皱眉事，天下应无切齿人。

与人为善，宽容待人

古人说"有容，德乃大"，又说"唯宽可以容人，唯厚可能载物"。从社会生活实践来看，宽容大度确实是人在实际生活中不可缺少的素质。做人要胸襟宽广，要有宽容平和之心，这不仅是一种魅力，更是社会成功的一种要素。

一个以敌视的眼光看世界的人，对周围人戒备森严，心胸窄小，处处提防，他不可能有真正的伙伴和朋友，只会使自己陷入孤独和无助中；而宽宏大量，与人为善，宽容待人，能主动为他人着想，肯关心和帮助别人的人，则讨人喜欢，易于被人接纳，受人尊重，具有魅力，因而能更多地体验成功的喜悦。

在18世纪，法国科学家普鲁斯特和贝索勒是一对论敌。他们围绕定比定律争论了有9年之久，他们都坚持自己的观点，互不相让。最后的结果是普鲁斯特获得了胜利，成了定比这一科学定律的证明者。但是，普鲁斯特并未因此而得意忘形，独占天功。他真诚地对与他激烈争论的对手贝索勒说："要不是你一次次的责难，我是很难进一步将定比定律研究下去的。"同时，普鲁斯特特别向众人宣告，定比定律的发现，有一半功劳是属于贝索勒的。

在普鲁斯特看来，贝索勒的责难和激烈的批评，对他的研究是一种难得的激励，是贝索勒在帮助他完善自己。这与自然界中"只是因为有了狼，鹿才奔跑得更快"的道理是一样的。

普鲁斯特的宽容是博大而明智的，他允许别人的反对，不计较他人的态度，充分看到他人的长处，善于从他人身上吸取营养，肯定和承认他人对自己的帮助。正是由于他善于包容和吸纳他人的意见，才使自己走向成功。

这种宽容实在让人感动，想到学术界中出现的相互诋毁、压制排挤、争名夺利等文人相轻的现象，让正直的人倍觉耻辱。

著名天文学家第谷和科普勒之间的友谊就是一曲优美的宽容之歌。

科普勒是16世纪的德国天文学家，在年轻尚未出名时，曾写过一本关于天体的小册子，深得当时著名的天文学家第谷的赏识。当时第谷正在布拉格进行天文学的研究，第谷诚挚地邀请素不相识的科普勒和他一起合作进行研究。

科普勒兴奋不已，连忙携妻带女赶往布拉格。不料在途中，贫寒的科普勒病倒了。第谷得知后，赶忙寄钱救急，使得科普勒渡过了难关。后来由于妻子的缘故，科普勒和第谷产生了误会，又由于没有马上得到国王的接见，科普勒无端猜测是第谷在使坏，写了一封信给第谷，把第谷谩骂了一番后，不辞而别。

第谷是个脾气极坏的人，但是受此侮辱，第谷却出奇得平静。他太喜欢这个年轻人了，认定他在天文学研究方面的发展将是前途无量的。他立即嘱咐秘书赶紧给科普勒写信说明原委，并且代表国王诚恳地邀请他再度回到布拉格。

科普勒被第谷的博大胸怀所感动，重新与第谷合作，他们俩合作不久，第谷便重病不起。临终前，第谷将自己所有的资料和底稿都交给了科普勒，这种充分的信任使得科普勒备受感动。科普勒后来根据这些资料整理出著名的《路德福天文表》，以告慰第谷的在天之灵。

浩瀚如海洋般的宽容胸怀，使第谷为科学史留下了一页光辉的人性佳话。这种宽容像雨后的万里晴空，清新辽阔，一尘不染。这种宽容像是舐犊情深，对下一辈给予温暖的关爱和呵护；像是辽阔的大地，让所有为大地增添靓丽的事物，都有自己的一片发展天地；亦像一条乡间的小河，让水草悠悠地生长，让小鱼快乐地游来游去。

很多寺庙的弥勒佛坐像两旁有一副名联："大肚能容，容天下难容之事；开怀一笑，笑世间可笑之人。"谚语中还常说："将军额上能跑马，宰相肚里可撑船"，"忍一时风平浪静，退一步海阔天空"，这些话无非是强调为人处事要豁达大度，要奉行宽以待人的原则。也许是昨天，也许是在很早以前，某个人伤害了你的感情，而你又难以忘怀。你自认为不该得到这样的伤害，因而它深深地留在你的记忆中，在那里继续侵蚀你的心灵。

当我们恨我们的仇人时，我们的内心被愤怒充溢着，这就等于给了他们制胜的力量，那力量能够妨碍我们的睡眠、我们的胃口、我们的血压、我们的健康和我们的快乐。如果我们的仇人知道他们如何令我们苦恼，令我们心存报复的话，他们一定非常高兴。我们心中的恨意完全不能伤害到他们，却使我们的生活变得像地狱一般。

莎士比亚是一个善于宽以待人的人，他说过，不要因为你的敌人而燃起一把怒火，炽热得烧伤自己。广览古今中外，大凡胸怀大志、目光高远的仁人志士，无不是大度为怀，不计较小利，相反，鼠肚鸡肠，竞小争微，只言片语也耿耿于怀的人，没有一个成就大事业的。

在待人处事中，度量直接影响人与人之间的关系是否能和谐发展。人与人之间经常会发生矛盾，有的是由于认识水平的不同，有的是由于一时的误解造成的。如果我们能够有宽容的度量，以谅解的态度去对待别人，就可以赢得时间，使矛盾得到缓和，反之，如果度量不大，那么即使为了芝麻大点的小事，相互之间也会斤斤计较，争吵不休，结果是伤害了感情，影响了友谊。在这个世界上，我们各自走着自己的人生之路，熙熙攘攘，难免有碰撞，即使心地最和善的人也难免有伤别人的心的时候。朋友背叛了我们，父母责骂了我们，或爱人离开了我们，都会使我们的心灵受到伤害。

哲学家汉纳克·阿里德指出，堵住痛苦回忆的激流的唯一办法就是宽恕。教皇保罗二世就宽恕了刺杀他的凶手M.A.阿格卡。对普通的人来说，宽恕别人不是一件容易的事情，在一般人看来，宽恕伤害者几乎不合自然法规，我们的是非感告诉我们，人们必须为他所做的事情的后果承担责任。但是宽恕则能带来治疗内心创伤的奇迹，以致能使朋友之间去掉旧隙，相互谅解。

当人们受到不公平的待遇和很深的心灵创伤之后，人们自然对伤害者就产生了怨恨情绪。一位妇女希望她的前夫和新妻的生活过得艰难困苦，一位男子希望那位出卖了他的朋友被解雇，等等，就是这种典型的怨恨心态。怨恨是一种被动的、具有侵袭性的东西，它像是一个化了脓且不断长大的肿瘤，使我们失去了欢笑，损害了健康。怨恨，更多地危害着怨恨者本人，而不是被仇恨的人，因此，为了我们自己，必须切除怨恨这个肿瘤。

然而怎样才能切除这个肿瘤呢？

首先要正视自己的怨恨。没有人愿意承认自己经常痛恨别人，所以我们常常把怨恨埋藏在心底，但怨恨仍然在平静的表面下奔流，损伤了我们的感情。承认怨恨，就等于强迫我们对扭曲的灵魂施行手术以求早日痊愈，即作出宽恕的决定。我们必须承认所发生的一切事情，面对另外一个人直接地说："你虽然伤害了我，但我愿意宽恕你。"

丽兹是美国加利福尼亚大学的副教授，一个很称职的教师。她的系主任答应替她向教务长请求提升她，然而他口是心非，在向教务长提交的报告中却严厉地批评了丽兹的工作，以致教务长对丽兹说："走吧，你只好另谋职业去了。"

丽兹恨透了系主任对她的诋毁。但她还得从他那里得到一纸推荐书，以便另寻职业。系主任对她说："很抱歉，尽管我在教务长面前为你说了许多好话，但仍然不能使教务长提升你。"丽兹假装相信他的话，但她内心却无法忍受这口怨气，一天，她直接和这位系主任吐露了心中的怨气，系主任竟断然否认了事实，这使丽兹看出他是个多么可怜多么卑微的人。她感到和这样的人不值得生气，最后决定把这件事情抛在一边。

有人说，丽兹的这种宽恕是软弱的表现，但也有人不同意这种说法。冤冤相报抚平不了心中的伤痕，它只能将伤害者和被伤害者捆绑在无休止的怨恨战车上。甘地说得好：倘若我们大家都把"以眼还眼"式的正义作为生活准则，那么全世界的人恐怕就要都变成盲人了。第二次世界大战后，科学家雷侯德·列布赫也说过这样一句格言："我们最终必须与我们的仇敌和解，以免我们双方都死于仇恨的恶性循环之中。"

在同一联盟内部，宽恕是消除内部矛盾的有效方法；对志趣相投的群体来说，唯有不断地宽恕，才能取得事业上的共同成功。

让岁月为我们抚平仇恨的伤痕，因为如果我们这样做的话，我们就不会再深深地伤害自己。让我们像大地一样,用宽广的胸怀去容纳一切,承载一切。

一个人经历一次宽容,就会获得一次人生的闪耀,打开一道爱的大门。

谦逊是人性中的精髓

老子在说"上善若水,水善利万物而不争"时,还进一步阐述了他的观点:"处众人之所恶,故几于道。"所谓"处众人之所恶",强调的是要处于众人所恶的低位,也就是讲做人要谦逊。如果能做到这些,该人就差不多参透了处世之道——"几于道"。

谦逊是人恪守的一种平衡关系,使周围的人在对自己的认同上达到一种心理上的平衡,让别人不感到卑下和失落。非但如此,有时还能让别人感到高贵,感到比其他人强,即产生任何人都希望能获得的所谓优越感。这种似乎在贬低自己的"愚蠢"行为,其实得到的更多,如他人的尊重与关照。

古希腊哲学家苏格拉底曾说:谦逊是藏于土中甜美的根,所有崇高的美德由此发芽滋长。

懂得谦逊就是懂得人生无止境,事业无止境,知识无止境。知之为知之,不知为不知,知不知者,可谓知矣。海不辞水,故能成其大;山不辞石,故能成其高。有谦乃有容,有容方成其广。人生本来就是克服了一个又一个障碍前进的,攀登事业的高峰就像跳高,如果没有一个刹那间的下蹲积聚力量,怎么能纵身上跃?人生又像一局胜负无常的棋,我们无法奢望自己永远立于不败之地。况且,"鹤立鸡群,可谓超然无侣矣,然进而观之大海之鹏,则渺然自小;又进而求之于九霄之凤,则巍乎莫及"。只有建立在谦逊谨慎、永不自满的基础之上的人生追求才是健康的、有益的,才是对自己、对社会负责任的，也一定是会有所作为、有所成功的。

晋襄公有位孙子，名叫惠伯谈，晋周是惠伯谈的儿子。

这位晋周生不逢时，遇晋献公宠信骊姬，晋国公子多遭残害。晋周虽然没有争立太子的条件，更无继位的希望，也同样不能幸免。

为保全性命，晋周来到周朝，跟着单襄公学习。

晋是当时的大国，晋周以晋公子身份来到周朝。但晋周自小受父亲教育，养成良好的品性，他的行为举止完全不像一个贵公子。以往晋国的公子在周朝名声都不好听，晋周却受到对人要求严厉的单襄公的称誉。

单襄公是周朝有名的大臣，学问渊博，待人宽厚而又严厉，是周天子和各国诸侯王公都很尊敬的人，晋周很高兴能跟着他，希望能跟着单襄公好好学习，以成长为有用的人才。

单襄公出外与天子王公相会，晋周总是随从在后。单襄公与王公大臣议论朝政，晋周从来都是规规矩矩地站在单襄公身后，有时一站几个小时，晋周都从未有一丝不高兴的神色。王公大臣都夸奖晋周站有站相，立有立相，是一个少见的恭谦君子。

晋周在单襄公空闲时，经常向单襄公请教。交谈中，晋周所讲的都是仁义忠信智勇的内容，而且讲得很有分寸，处处表现出谦逊的精神。

人虽然在周朝，晋周仍十分关心晋国的情况，一听到不好的消息，他就为晋国担心流泪；一听到好消息，他就非常高兴。一些人不理解，对晋周说："晋国都容不下你了，你为什么还这样关心晋国呢？"晋周回答："晋国是我的祖国，虽然有人容不下我，但不是祖国对不起我。我是晋国的公子，晋国就像是我的母亲，我怎么能不关心呢？"

在周朝数年，晋周言谈举止都谦逊有礼，从未有不合礼数的举动发生。周朝的大臣都很夸奖他。

单襄公临终时对他的儿子说:"要好好对待晋周,晋周举止谦逊有礼,今后一定会做晋国国君的。"

后来,晋国国君死后,大家都想到远在周朝的晋周,就欢迎他回来做了国君,成为历史上的晋悼公。

晋周本是一个毫无条件争当太子的王子,却以谦逊的美德征服了国内外几乎所有有权势的人,最终却被推上了王位,可见谦逊的力量有多么巨大。老子说,"上善若水,水善利万物而不争","夫唯不争,故天下莫能与之争",的确不是虚言。

许多人对于谦逊这项重要的特质,感到不以为然。事实上,谦逊是一项积极有力的特质,若加以妥善运用,可使人类在精神上、文化上或物质上不断地提升与进步。

谦逊是人性中的精髓。不论你的目标为何,如果你想要追求成功,谦逊都是必要的条件。在到达成功的顶峰之后,你才会发现谦逊有多么重要。

人心好胜,我以胜应必败;人情好谦,我以谦处反胜。

善待他人就是善待自己

一年冬天,年轻的哈默随一群同伴来到美国南加州一个名叫沃尔逊的小镇,在那里,他认识了善良的镇长杰克逊。正是这位镇长,对哈默后来的成功影响巨大。

那天,下着小雨,镇长门前花圃旁边的小路成了一片泥淖。于是行人就从花圃里穿过,弄得花圃一片狼藉。哈默不禁替镇长痛惜,于是不顾寒雨淋身,独自站在雨中看护花圃,让行人从泥淖中穿行。

这时，出去半天的镇长满面微笑地从外面挑回一担煤渣，从容地把它铺在泥淖里。结果，再也没有人从花圃里穿过了。镇长意味深长地对哈默说："你看，给人方便，就是给自己方便。我们这样做有什么不好？"

每个人的心都是一个花圃，每个人的人生之旅就好比花圃旁边的小路，而生活的天空不仅有风和日丽，也有风霜雪雨。那些在雨中前行的人们如果能有一条可以顺利通过的路，谁还愿意去践踏美丽的花圃，伤害善良的心灵呢？

后来，哈默艰苦奋斗下成为美国石油大王。一天深夜，他在一家大酒店门口被记者杰西克拦住，杰西克问了他一个最敏感的话题："为什么前一阵子阁下对东欧国家的石油输出量减少了，而你最大对手的石油输出量却略有增加？这似乎与阁下现在的石油大王身份不符。"

哈默听了记者这个尖锐的问题，没有立即反驳他，而是平静地回答道："给人方便就是给自己方便。那些想在竞争中出人头地的人如果知道，关照别人需要的只是一点点的理解与大度，却能赢来意想不到的收获，那他一定会后悔不迭。给人方便，是一种最有力量的方式，也是一条最好的路。"

有一篇叫《慷慨的农夫》的短文，说美国南部有个州，每年都举办南瓜品种大赛。一位经常获得头奖的农夫，获奖之后，毫不吝惜地将得奖的种子分送给街坊邻居。有人不解，问他为何如此慷慨，不怕别人的南瓜品种超过他吗？农夫回答："我将种子分送给大家，方便大家，其实也就是方便我自己！"原来，邻居们种上了良种南瓜，就可以避免蜜蜂在传播花粉过程中，将邻近的较差品种的花粉传播给农夫的南瓜。这样，农夫就能专心致力于品种的改良。否则，他就要在防范外来花粉方面大费周折。

这种"与人方便"的做法，貌似愚蠢，实则充满智慧——因为在"与人方便"的同时，自己也方便了！无论是安身还是立命，是经商还是致富，这种大智若愚的做法都极为高明。

将心比心，推己及人

2500年前，孔子的学生子贡问孔子："有没有一句可以信奉一生的人生箴言？"孔子回答说："己所不欲，勿施于人。"这是对中国人安身立命的深刻概括。凡是自己不喜欢和不愿接受的事情，就不要强加给别人。依据这个原则，虽然我们还不能判断什么是应该做的，但至少可以知道什么是不应该做的了，所以孔子的这句箴言包括了安身立命的全部道理。

在这个世界上，每个人都有自己的利益和追求，难免有碰撞争执的时候。人人都不希望自己的行为受到太多的约束。我们不妨来看看，一个人的行为所产生的后果有些什么特点。一个人行为所产生的后果可以分为三种情况：

第一种，个人行为的后果只涉及他本人，与其他人或群体无关；

第二种，个人行为的后果将影响到他人的利益；

第三种，个人行为的后果将影响到某一群体的利益。

对于第一种情况，个人行为的自由是应该得到充分保障的，对于这种行为，他人可以规劝、说服，乃至恳求其改变，但没有理由干涉它或阻止它。任何人的行为，只有涉及他人或其他群体时才需对社会负责。不过我们平时属于第一种情况的行为并不是很多，大部分行为是属于后两种情况；在后两种情况下，一个人行为的自由必须以其后果不影响或不危害他人的利益为前提，否则，社会就有权利干涉或中止这个行为。这个道理虽然极其简单，却是人类一切法律赖以存在的前提，也是社会舆论和道德标准的根基。

己所不欲，勿施于人，简单说就是恕人，就是推己及人。用孔子的话说，这是可以终身照着去做的实行仁德的方法。所谓己所不欲，勿施于人，就是用自己的心推及别人；自己希望怎样生活，就想到别人也会希望怎样生活；自己不愿意别人怎样对待自己，就不要那样对待别人；自己希望在社会上能站得住，能通达，就也帮助别人站得住，通达。总之，从自己的内心出发，推及他人，去理解他人，对待他人。推己及人，和民间说的以情度情，将心比心，设身处地为别人想一想，指的是一个意思。

为什么有人会如此友好地考虑到其他人呢？真正的原因是：你种下什么，收获的就是什么。播种一个善行，你会收到一个善果；播种一个恶果，你会收到一个恶果。

一个人怎样决定一件事是应该做还是不应该做呢？西方人用穷举法为此设立了无数的法律条文。中国人不喜欢被众多的条文所约束，再说不少人的文化水平也没有达到理解每个法律条文的程度。中国人宁可用一种更模糊更简单的方式，凭自己的良心直觉来做出是非的判断与选择。在中国人看来，人心都是肉长的，人与人之间本来没有什么不同，糖吃起来人人都觉得甜，风吹上来人人都觉得凉。所以，一个人决定做不做一件事，不需要去问律师或法官的意见，只需问一问自己：我做这件事所产生的后果发生在自己身上会如何，如果自己能够接受，那么估计别人也能容忍；如果自己不能容忍，别人肯定也不愿意接受。这就叫以情度情，将心比心。当然，我们做事也不完全凭感觉，基本的法律和道德常识还是要遵守的。

人与人之间，能够真正形成沟通，达成理解，不是靠逻辑或教条，而是靠感情。将心比心，需要借助于某种中介，这个中介就是人的感情。中国人常说"通情达理"四个字，一个人只有"通情"才能"达理"。不通情不能达理。一个人孝敬父母，并不是仅仅出于什么法律或道德责任，只是他觉得父母从小精心抚养自己，所以现在需要尽力回报；同样一个人讲究信用，也不一定只是为了履行合同或诺言，他希望别人也能对他讲信用。中国人之所以显得富有人情味，并非因为中国人懂得深奥的人生哲理，也不是由于中国人熟记多少道德教条，事实上，中国人很少从哲理和教条出发来决定生活的取舍，他们只是简单地以自身的经验来衡量他人的感受。这种做法有时候遇到古怪而不通人情的人或许要碰壁，但好在大多数人都能将心比心，所以这种设身处地为别人着想的安身立命的艺术运用起来总是那么得心应手。

己所不欲，勿施于人，发源于人的同情。同情对于每个人来说并不陌生，即使一个人从来不同情别人，至少也会被别人同情过。我们看到小孩将要落井，心中不免一紧，这便是同情；我们看到朋友不幸失恋，心头难免沉重，这也是同情。这里所说的同情并非仅仅是一种怜悯，怜悯是同情的一种，但同情不全是怜悯。在较高层次上说，同情当指把我们自己与别人或物等同起来，使我们也分享他们的感觉、情绪和感情。同情需要有一定的生活经验为基础，过去的经验使我们了解在什么样的境遇下会产生什么样的感情，当我们看到别人处在自己曾经处过，或者凭经验很容易在想象中体验的情境时，我们就开始将心比心，设身处地地把自己与他们等同起来，去分享他们的喜怒哀乐和悲欢离合。在这样的情况下，什么是己欲，什么是他欲，便清清楚楚，明明白白了，接下来该做什么，不该做什么，也一清二楚。

人的同情心乃是一种崇高博大的情怀，是人与人以及人与物之间沟通交流的媒介。在传统社会里，这种道德意境被概括为"仁"。现代人常常对古人的一个"仁"字迷惑不解。什么是仁呢？其实很简单，人与人之间的同情、理解、沟通、默契、和谐便是仁。仁者人也，两个人在一起，能够在感情上彼此合二为一，这便是仁。仁不仅限于人与人之间，也可存在于人与物之间。人对万物的同情使人产生与天地万物同类同体的感觉，由此引发以仁爱之心待人待物的道德良知。王阳明说，人看到孺子入井，肯定会有怵惕恻隐之心，就是因为人心之仁与孺子同体，孺子与他是同类；人看到鸟兽哀鸣就产生不忍之心，也是因为人心之仁与鸟兽同为一体，鸟兽也是有知觉的；人看到草木被摧折，必然有悯恤之心，是因为人心之仁与草木同为一体，草木也是有生命的东西；人见到瓦石被毁坏，必然有顾惜之心，这是因为人心之仁与瓦石同为一体。于是，人将万物视为一体，将天下看成一家，将中国当成一人。于是，夫妇、兄弟、朋友，以及山川、鸟兽、草木都是自己爱的对象，达到尽仁、尽善、尽性的人生最高境界，这样的人称为大人。《大学》所谓的"大学之道在明明德，在亲民，在止于至善"就是指这种大人的生活之道。

既然有大人，当然就有小人。按中国人的想法，人与人，人与物本来都是同根同脉，同心同德，不分彼此。但是因为每个人都有一个属于自己的躯壳形骸，于是便很容易从身躯上分出个你我他，由此产生种种分隔隘陋的私欲之弊，这样的人就变成了小人。小人自然泯灭了人性中仁爱亲善的灵光，终日围着自己的小圈子打转，为社会所不齿。

有人说，推己及人，"它也是一切道德，特别是公共道德的基础。如果人们心中都只有自己，完全不顾他人，那也就不会有公共道德"。的确，现在社会上许多不良现象，可以说都与缺乏恕人的思想有关。这一点也是任何民族、任何社会、任何时代所普遍适用的，可以说是人类社会生活中应该普遍遵守的基本的公共生活准则。

有一个企业讨论什么是"文明"的标准，他们的回答是，时时想到他人就是文明。这个回答通俗而又生动地反映了文明的本质。精神文明是人类社会生活的需要。有了社会生活，就需要有一定的规范来维持社会秩序的稳定，也要求人们自觉遵守这些规范，使自己的行为有利于而不是妨碍社会生活的发展。换句话说，就是要求人们时时想到他人、想到社会，这也就是文明的要求。恕人的思想，正是反映了文明的这个最基本的精神。

社会生活愈发展，人与人的关系愈密切，对文明的要求也就愈高；就愈要求人们自觉地把自己放到社会中，想到自己言行的社会影响，想到社会和他人。在现代世界已经愈来愈成为"地球村"的情况下，人们的一举一动都与社会、与他人有着密切的联系。从这一点上看，随着社会的发展，培养好的人缘也就有了越来越重要的意义。

勿以善小而不为

春秋时，有一次中山君宴请都城中的士大夫，司马子其也在座，中山君分羊肉羹没有分给他。他一怒之下跑到楚国，劝说楚王讨伐中山国。中山君被迫逃亡。

逃亡途中，有两个人拿着刀尾随着中山君。中山君回过头来对那两个说："你们要干什么？"这两个人说："我家有老父，有一次饿得要死，您拿出壶中的食物给他吃。在我父亲将要死的时候，他曾说：'如果中山有战争，你们一定要以死相报。'因此，我们追赶到这里，愿为您而死。"中山君听后仰天叹息说："施恩不在多少，在于他正当困危之时；结怨不在深浅，在于是否伤了人心。我因为一杯肉羹而使国家灭亡，以一壶饭得到两位义士。"

《三国演义》第八十五回：刘备写给儿子刘禅的遗诏曰："勿以恶小而为之，勿以善小而不为。"意思是告诫刘禅，不要认为坏事小就去做，好事小就不做。想必刘备是勘破这茫茫人世，不少人"大善无力举，小事不屑为；大恶知忌避，小害不在意"的常情，才语重心长地立此遗诏的。

时间流逝了1700多年，刘备"勿以恶小而为之，勿以善小而不为"的警语，对今人依然很有现实意义。

善恶之别，界限分明，善虽小仍是善，恶虽小总是恶。但事物是发展变化的，小可以变大，眼前的恶小虽不足挂齿，但从量变到质变，待将来成大恶时却遗患无穷。积小成大，也可成大事；坏事也要从小事开始防范，否则积少成多，也会坏大事。所以，不要因为好事小而不做，更不能因为不好的事小而去做。

古人说："勿轻小事，小隙沉舟；勿轻小物，小虫毒身。"千里之堤，溃于蚁穴。一个人的堕落，往往是从一些细小的地方开始。如果一个人做了善事，哪怕那善行只是施舍了一个馒头，或是关怀民瘼之"一枝一叶"，爱就会如太阳一样，照在你身上，引导你走向真理之路。在生活里，许多人的事业就是从"善小"开始达到某个高度的。

将军额头能跑马

在美国历史上，恐怕再没有谁受到的责难、怨恨和陷害比亚伯拉罕·林肯多的了。但是根据那些传记的记载，林肯却"从来不以他自己的好恶来批评别人"。如果一个以前曾经羞辱过他的人，或者是对他不敬的人，却是某个位置的最佳人选，林肯还是会让他去担任那个职务，就像他会派任他朋友去做这件事一样……而且，他也从来没有因为某人是他的敌人，或者因为他不喜欢某个人，而解除那个人的职务。很多被林肯委任而居于高位的人，以前都曾批评或是羞辱过他，比如麦克里兰、爱德华·史丹顿和蔡斯等。但林肯相信"没有人会因为他做了什么而被歌颂，或者因为他做了什么或没有做什么而被贬黜"，因为所有的人都受条件、情况、环境、教育、生活习惯和遗传的影响，使他们成为现在这个样子，将来也永远是这个样子。

一个人如果心胸狭小，总是从自私的角度去看问题，无法得到他人的支持与拥护，因而无法成为真正意义上的强者。想要成为强者的人要力戒为人褊狭，一定要学会宽容他人。宽容不仅是习惯，也是一种品德，是胸有大志者应该养成的有助于成功的德行之一。

中国人注重"德"，一个人有"德"才会服人。有才无德，这样的人也许可逞一时之势，却不能把握历史的方向，最终还是会被时间所摒弃。正是本着中华的这种"德"而行，多少中华名士都是用他们身上的美德征服了世人，用他们宽容征服了世界。

周作人先生，正是这样一个以宽容而征服他人成就事业的人。周作人平时行事，总是一团和气，以德传人，他是以态度温和著名的。相貌上周作人中等身材，穿着长袍，脸稍微圆，慈眉善目。他对于来访者也是一律不拒，客气接待，与来客对坐在椅子上，不忙不急，细声微笑地说话，几乎没有人见过他横眉竖目，高声呵斥，尽管有些事情足可把普通人的鼻子都气歪。据说有个时期，他家有个佣人，负责里外采购什么的。此人手脚不太干净，常常揩油。当时用钱，要把银圆换成铜币，时价是1银圆换460铜币。一次周作人与同事聊天谈及，坚持认为是时价200多，并说他的家人一向就是这样与他兑换的。众人于是笑着说他受了骗。他回家一调查，发现是佣人骗了他，不仅如此，佣人还有时把整包大米也偷走。他没有办法，一再鼓起勇气，把这个佣人请来，委婉和气地说："因为家道不济，没有许多事做，希望你另谋高就吧。"这个佣人听了，忽然跪倒求饶，周作人大惊，赶紧上前扶起，说："刚才的话算没说，不要在意。"

任大官时期，周作人的一个学生找他帮忙谋个职位。一次来访，恰逢他屋内有客，门房便挡了驾。学生认为他在回避推托，气不打一处来，便站在门口耍起泼来，张口大骂，声音高得足以让里屋也听得清清楚楚。谁也没想到，过了三五天，那位学生就得以上任了。有人问周作人，他这样大骂你，你反用他是何道理。周作人说，到别人门口骂人，这是多么难的事，可见他境况确实不好，太值得同情了。

正是这种胸怀，正是这样的品德，为周作人赢得了良好的声誉。

在充满竞争的社会生活中，要认识到"人无完人"，既要求自己不断进步，又允许自己偶尔失败，才能保持心理上的平衡。与人发生争论、冲突时，只要占到了理，就应主动给人台阶下，给别人留点面子，这样你不仅在道理上战胜了别人，更会在情感上战胜别人，赢得别人的信任和尊重。

在很大程度上，人生是我们自己写就的。开朗快乐的人拥有快乐幸福的人生，而抑郁忧愁的人则拥有抑郁忧愁的人生。我们常常发现，我们的性情往往能折射出我们周围的现实。如果我们自己是爱发牢骚的人，我们通常也会觉得别人也爱发牢骚；如果我们不能原谅和宽容别人，别人也会以同样的态度对待我们。

当然，宽容并不是纵容，不是免除别人应该承担的责任。宽容所体现出来的退让是有目的、有原则的，其主动权应该掌握在自己手中，否则，他人会一而再，再而三地犯错，显示出你的软弱。

正直是一种力量

有位实习护士在实习期即将结束时，协助医院院长做一台外科手术，结果和院长产生了矛盾。实习护士认为手术一共用了12块纱布，而院长只取出11块，因此不能缝合伤口。而院长坚持认为只用了11块纱布，已经全部取出来了。院长是外科领域的专家，他丝毫不理会实习护士的异议，头也不抬地说："一切就绪，立即缝合。""不，不行！"实习护士抗议，"我记得非常清楚，我们一共用了 12 块纱布！"院长仍旧不为所动。

这位实习护士毫不示弱，她几乎大声叫起来："你是医生，你不能这样做。"直到这时，院长冷漠的脸上才露出欣慰的笑容。他举起左手里握着的第 12 块纱布，向所有的人宣布："她是我最合格的助手。"

似乎有不少人在引述这则故事时，为实习护士面对权威时的自信叫好。而编者在此要叫好的，是该护士的正直。古往今来，有多少自信自己正确的人，因为正直之心蒙尘，在压力之下做了违心之事、说了违心之话，或曲意逢迎，或助纣为虐。这些人终究算不上强者，迟早是钉在耻辱柱上的可悲者。

正直是什么？美国成功学研究专家 A.戈森认为，在英语中"正直"一词的基本含义指的是完整。在数学中，整数的概念表示一个数字不能被分开。同样，一个正直的人也不会把自己分成两半，他不会心口不一，想一套说一套——因为实际上他不可能撒谎；他也不会表里不一，说一套做一套——这样他才不会违背自己的原则。正是由于没有内心的矛盾，才给了一个人额外的精力和清晰的头脑，使他必然地获得成功。A.戈森认为，正直的人之所以被人称颂，实际上意味着他有某种内在的一定之规。

正直意味着高标准地要求自己。许多年前，一位作家在一次倒霉的投资中，损失了一大笔钱，趋于破产。他打算将今后所赚取的每一分钱都用来还债。三年后，他仍在为此目标而不懈地努力。为了帮助他，一家报社组织了一次募捐，许多人都慷慨解囊。这的确是个诱惑，因为有了这笔捐款，就意味着结束了折磨人的负债生涯。然而，作家却拒绝了。几个月之后，随着他一本轰动一时的新书问世，他偿还了所有剩余的债务。这位作家就是美国著名短篇小说家马克·吐温。

正直还意味着有高度的名誉感。名誉不是声誉，伟大的弗兰克·赖特曾经对美国建筑学院的师生们说："这种名誉感指的是什么呢？那好，什么是一块砖头的名誉呢？那就是一块实实在在的砖头；什么是一块板材的名誉呢？那就是一块地地道道的板材；什么是人的名誉呢？这就是要做一个真正的人。"

正直意味着具有道德感并且遵从自己的良知。马丁·路德在他被判死刑的城市里面对着他的敌人说："做任何违背良知的事，既谈不上安全稳妥，也就更谈不上明智。我坚持自己的立场，我不能做其他的选择。"

正直意味着有勇气坚持自己的信念，这一点包括有能力去坚持你认为是正确的东西。正直意味着自觉自愿地服从，从某种意义上说，这是正直的核心，没有谁能迫使你按高标准要求自己，也没有谁能勉强你服从自己的良知，能这么做的只有自己。

正直使人具备冒险的勇气和力量，正直的人直面生活的挑战，绝不会苟且偷安，畏缩不前。一个正直的人是有把握相信自己的人，因为他没有理由不信任自己。

正直经常表现为坚持不懈、一心一意地追求自己的目标，拒绝放弃努力，有坚忍不拔的精神。"我们绝不屈从！绝不，绝不，绝不，绝不。无论事物的大小巨细，永远不要屈从，唯有屈从于对荣誉和良知的信念。"丘吉尔是这样说，也是这样做的。

伟大人物似乎都有一种内在的平静，使他们能够经受住挫折。林肯在1858年参加参议院竞选活动时，他的朋友警告他不要发表某一次演讲。但是林肯答道："如果命里注定我会因为这次讲话而落选的话，那么就让我伴随着真理落选吧！"他是坦然的。他确实因为这次演讲受到影响，但是在2年之后，他就担任了美国的总统。

正直还会给一个人带来许多好处：友谊、信任、钦佩和尊重。人类之所以充满希望，原因之一就在于人们似乎对正直具有一种近于本能的识别能力——而且不可抗拒地被吸引。

怎样才能做一个正直的人呢？第一步就是要锻炼自己在小事上做到完全诚实。当不便于讲真话的时候，也不要编造小小的谎言，不要去传播那些流言蜚语，不要把个人的电话费用记到办公室的账上，等等。

这些事听起来可能是微不足道的，但是当你真正在寻求正直并且开始发现它的时候，它本身所具有的力量就会令你折服。最终，你会明白，几乎任何一件有价值的事，都包含有它自身的不容违背的正直内涵。

一个正直的人会在适当的时机做该做的事，即使没有人看到或知道。亚伯拉罕·林肯说得好："正直并不是为了做该做的事而有的态度，正直是使人快速成功的有效方法。"

正直就是力量，在一种更高的意义上说，这句话比知识就是力量更为准确。没有灵魂的精神，没有行为的才智，没有善良的聪明，虽说也会产生影响，但是它们都只会产生坏的影响。

正直的人品表现为襟怀坦荡，秉公持正，坚持原则，刚正不阿。正直的反面则是伪善狡诈。正直的人，对人对事公道正派，言行一致，表里一致。虚伪狡诈的人伪善圆滑，曲意逢迎，背信弃义，拿原则做交易。正直和真诚是互相紧密联系的，只有真诚才能正直，反之亦然。观察一个人，可以把这两个方面联系起来，看他是真诚直爽，还是虚伪圆滑；是光明正大，还是阴险诡诈。这是区别人品的重要标准。

正直的品质并不与人的生命息息相关，但它却成为一个人品格的最重要方面。正如一位古人所说的："即使缺衣少食，品格也先天地忠实于自己的德行。"具有这种正直品质的人，一旦和坚定的目标融为一体，那么他的力量就可惊天动地，势不可挡。

一诺千金是大丈夫所为

"一诺千金"的典故出自《史记·季布栾布列传》之"得黄金百,不如得季布一诺"。"诺"在古代的意思相当于现代的"好""可以"或"行",古人在应承他人时,一般用"诺"作答。"一诺千金"的意思为一句许诺价值千金,后世用此来比喻一个人说话算数,讲信用。

春秋时期,齐桓公的军队将鲁国打得丢盔弃甲,占领了鲁国的大片土地。齐国大军兵临鲁国都城城下,鲁庄公眼看要做亡国奴,急忙向齐桓公求和,并献出遂邑。齐桓公答应了鲁庄公的请求,两国决定在柯地举行签约仪式。可是两国国君把盟约刚刚签完,鲁国大将军曹沫就冲上前去,用匕首抵住了齐桓公的脖子,威吓说:"谁也不要上前,否则我就杀了他。"齐国的谋士和将官们都害怕齐桓公有什么不测,不敢上前,只好问:"你想干什么?"曹沫激动地说:"齐国强大、鲁国弱小这是事实,但是齐国侵占鲁国的领土也太多了,以至于齐国的边境已经延伸到了鲁国的城墙下。鲁国的城墙一倒塌,就会压着齐国的领土。请你们考虑一下吧!"言下之意就是,你们把侵占鲁国的土地都还给鲁国,否则就对你们国君不利。

齐桓公被曹沫胁持,刀子架在自己脖子上,他知道如果不答应曹沫的要求,自己肯定活不成,于是就急忙对曹沫说:"好好好,我答应你把侵占鲁国的土地都还给你们。"此话一出,曹沫方才放下了手中匕首,放开齐桓公,将他推到齐国臣子的行列中。

齐桓公对此恼羞成怒,脱险后就想违背信约。这时,大夫管仲对他说:"您这样做不妥,人家劫持您是不想和您订立盟约,您事先没有料到这件事,这说明您并不聪明；您面临危险，不得不听从人家的威胁，这说明您并不勇敢；您答应了人家却又不想兑现承诺，这说明您不讲信用。作为一国的国君，您既不勇敢，又不聪明，现在您又想不讲信用，失去了这三点，还会有谁会真心服您呢？而如果您如约还给鲁国土地，这样世人就会给您诚信的美名，这比起鲁国的土地要有价值得多啊。"齐桓公听了，觉得管仲说得很有道理，就如约把侵占鲁国的土地还给了鲁国。

诸侯们听说了齐桓公信守诺言的这件事情，都觉得齐桓公是个值得信赖的人，因而纷纷依附齐国。两年以后，诸侯接受齐桓公的邀请，到甄地聚会，他们心悦诚服地请齐桓公主持大会。从此，齐桓公成为诸侯公认的霸主，开始号令天下，创设了"九合诸侯，一匡天下"的辉煌业绩。

有道是"大丈夫一诺千金"，但真正能做到一言既出、驷马难追的人并不多，更别说像齐桓公那样能对自己违心的诺言负责了。我们几乎每天都在许诺，但一些诺言甚至被我们忘记了，更别提负责了。比如有人夸你从家乡带来的特产好吃，你可能会随口回答："是吗？下次我回家给你带一些来。"下次你带了吗？如果对方不是领导，不是所谓的"贵人"，我估计你十有八九忘了遵守诺言。类似的有意无意的承诺，在我们的生活中随处可见。

除轻诺而导致的寡信外，最为常见的失信是因为践行的难度太大，自己不愿付出太多或根本就无力付出太多。

《周书》咏叹道："允哉！允哉！"允，就是真诚守信用的意思。诚笃守信简直就是一种强大的人生资本，有万般神奇的功效，它在无形之中左右着人们的功名事业乃至生命的祸福休咎。

处世为人之道，大概没有什么比诚笃守信、取信于人更为重要的了。你的言行举止，时刻不可丢弃了这个根本。与人交往时，只要有这个根本存在，只要别人信任你，其他方面的缺陷或许还有弥补的机会。若失去了这个根本，别人不相信你了,别人不愿再与你共事,不愿再与你打交道,那么,你只能去孤军奋战,可能会四面楚歌。

讲信用,守信义,是立身处世之道,是一种高尚的品质和情操,它既体现了对他人的尊敬,也表现了对自己的尊重。但是,我们反对那种"言过其实"的许诺,我们更反对"言而无信""背信弃义"的丑行!

讲信用是忠诚的外在表现。人离不开交往,交往离不开信用。"小信成则大信立",治国也好,理家也好,做生意也好,都需要讲信用。一个讲信用的人,能够言行一致,表里如一,人们可以根据他的言论去判断他的行为,进行正常的交往。如果一个人不讲信用,说话前后矛盾,做事言行不一,人们无法判断他的行为动向,与这种人是无法进行正常交往的,更没有什么魅力而言。守信是取信于人的第一要素,信任是守信的基础,也是取信于人的方法。

失信于人,圣人们一贯将此视为人生最严重的事件。孔子不厌其烦地对弟子们说:"人而无信,不知其可也。大车无輗,小车无軏,其何以行之哉?"意思是,一个人不讲信誉,不知道他怎么可以立身处世。如同大车、小车缺乏了关键部件套不住牲口一样,那怎么能驾车走路呢?

中国古人推崇天人合一的思想,认为天地变化,四时运转也不失信于人,它是有规律地运行变化以生成万物。若天失信于人,运行不成规律,则人类无法计时数岁;若地失信于人,运行不成规律,则节气阴阳皆会混乱而致草木不生;若春风失信于人,不按时吹拂大地,则花不盛开,果实不生;若夏日失信于人,不按时照射万物,植物不能成熟;若秋雨失信于人,不按时飘洒,谷粒不能坚实饱满;若冬雪失信于人,不按时降临大地,土地得不到冰封泽被,害虫泛滥,土地板结。

天地对人守信如斯,人与人之间怎么能相互失信呢?

感恩而不图报

我们常说的"结草衔环"有两个出处。

一个是：

春秋时，秦桓公伐晋。晋大夫魏颗领兵抵抗，把秦军打得大败，并且俘获了秦国出名的大力士杜回。

据说魏颗本来不能战胜杜回，在战斗中，幸好出现了一位老人，他把地上的草，结成许多结，杜回被草绊倒，魏颗才能擒住杜回，打了胜仗。

这老人是谁？为什么要帮助魏颗呢？魏颗不明白。晚上，魏颗在梦里见到了这位老人。老人说："我的女儿，便是你父亲的小妾。你父亲临死时不是叫你把她殉葬的吗？可是你后来没有听从照办，而让她改嫁了。你这样救了我女儿的性命，我一直非常感激你。今日我在战场上结草绊倒杜回，便是为了报答你的恩情！"

另一个是：

后汉人杨宝，九岁时，有一天，在山下看见一只受了伤的小黄雀。这只黄雀，可能是被猫头鹰之类啄伤了，跌落在一株树下，浑身爬满了蚂蚁，动也不动，看来快要死了。

杨宝很可怜这只小黄雀，便把它救起，带回家去，养在小箱里，每天采些黄嫩的花蕊来喂它。经过了一百多天的细心喂养，才把它的伤完全养好。这时，小黄雀的羽毛也长得很丰满了，跳跳叫叫，非常活泼。杨宝就放它飞走了。

当天晚上，杨宝梦见一个黄衣童子，口衔四个白玉环，说是送给杨宝的礼物，并且感谢他的救命之恩，祝福他的子孙都像玉环一样纯洁清白，世代幸福。说罢，化作一只黄雀飞去了。

还有个"一饭之恩"的故事，讲的是韩信年轻时，家境贫困，他既没有公职，又不会经商，只好常到别人家混饭吃，有时索性乞讨，人们对这个游手好闲的人十分厌恶。

一次，韩信在城外钓鱼，半天没钓上一条鱼，饥饿难忍。一位洗衣服的老太婆看见，便给他吃了碗饭。韩信感激地说："我将来一定百倍地报答您！"老太婆很生气，说："大丈夫不能养活自己，我可怜你才给你饭吃，谁指望你报答！"

后来，韩信被刘邦封为楚王，他立刻回到淮阴，找到当年舍食的老太婆，酬谢她黄金二十万两。

受人滴水之恩，当涌泉相报。忘恩负义的势利小人，历来是人们所鞭挞的对象，如同英国著名作家莎士比亚所说："我痛恨人们的忘恩，比之痛恨说谎、虚荣、饶舌、酗酒或是其他存在于脆弱的人心中的恶德还要厉害。"可见对于忘恩负义的憎恨，无论古今中外都是一致的。

战国时代四大公子之一的信陵君，因为"窃符救赵"大破秦兵取得了胜利，赵王非常感激，封了五座城池给他。信陵君非常得意，不禁有些趾高气扬了。这时，有一位门客及时提醒他说："有的事情不可忘记，有的事情不可不忘记。别人有恩于公子，公子不可忘记；公子有恩于人，希望公子把它忘记了吧。"接着便陈述了窃符救赵虽得大胜，但假冒王命，杀死大将晋鄙，有功于赵而得罪于魏国，如果再骄矜自负，后果是会很不好的。

信陵君听了，立刻责备自己，惭愧得无地自容。赵王打扫庭前台阶亲自迎接信陵君。信陵君却称自己有罪，现有负于魏国，亦无功于赵国，好像把救赵的事给忘了。其言辞恳切，丝毫看不出半点做作之态，真可谓大智若愚。

赵王听了，更加敬佩信陵君。此后两人和睦相处了十年。

信陵君门客的这番忠告足以发人深思。对于功德，就应当提倡"不可忘记"和"不可不忘"，因为它不仅体现了做人的道德，而且又极有分寸感，符合辩证法的原则。那就是：对己之恩"不可忘记"，不一定非得投桃报李，更不能丧失原则去感恩图报，而是不要忘记人家乐于助人的德行和精神，进而为自己带来责任感和原动力，这就把古人的"结草衔环"升华到一个新的境界。至于对人之恩"不可不忘"。总之，在"忘"与"不忘"之间体现出的智慧，足以令你大得人心。

唯有宽厚得人心

老子在《道德经》中说："是以圣人去甚、去奢、去泰"。大意是：因此圣人要去掉极端的、奢侈的、过分的东西。老子看问题总是那么深刻、那么透彻：越是雄心勃勃、耀武扬威欲取天下者，越是得不到天下。只有能够以德服人、以德报怨，才能够得人心，进而得天下。

楚庄王有一次设晚宴招待群臣，忽然蜡烛燃尽熄灭了，竟然有一位色胆包天的大臣趁暗中混乱，拉扯劝酒的王妃衣袖，结果被王妃扯掉了帽缨。楚庄王听了王妃的申诉，并没有追查那个拉王妃衣袖的人，而且为了给这个人一个台阶下，他让群臣趁蜡烛尚未点燃、肇事者身份不明之时，全部摘去帽缨，从而保全了这位大臣。此种宽厚，怎能不叫当事者感激涕零？

后来在楚国进攻郑国的战役中，有一位战将表现甚为勇猛，楚庄王感到奇怪，因为自己对这名大臣并非十分宠爱，他怎么会这样为自己卖命呢？后来经询问才知，此人就是那位被扯去帽缨者。他十分感激当初楚庄王不追究调戏王妃之事，为了报恩，所以奋不顾身地杀敌，为国效劳，以此为回报。

看来，宽厚是最能赢得人心的，楚庄王"以德报怨"，那位战将又"以德报德"的故事，千百年来被传为佳话，也使得楚庄王名传千古，人人称颂。

在现代社会中，"以德报怨"仍然发挥着巨大的、不可替代的作用。李·邓纳姆成功地在犯罪猖獗的哈林黑人住宅区经营起了麦当劳，"以德报怨"的做事方式起到了关键性的作用。

李·邓纳姆经营的是纽约老城区的第一家由麦当劳授权的快餐店。当李·邓纳姆决定放弃稳定的警官职业，在犯罪猖獗的哈林黑人住宅区投资麦当劳店的时候，朋友们都说他疯了。

拥有一家餐馆一直是李·邓纳姆的梦想，他先在几家餐馆工作，包括纽约著名的"华道尔夫"饭店。李·邓纳姆非常想开自己的餐馆，为此他还特意报名参加了商业管理学习班，每天晚上去上课。

后来，他成功地应聘了警官职位。当警官的 15 年中，他一直继续学习商业管理。"我省下了做警官挣来的每一分钱，"他回忆说，"十年来，我没花过一毛钱去看电影、度假、看球赛，除了工作就是学习，我一直在为实现拥有自己的生意这个终生梦想而努力着。"

到了李·邓纳姆拥有 4.2 万美元存款的时候，他认为已经是实现自己梦想的时候了。麦当劳快餐决定给他一个授权，同时附加了一个条件：李·邓纳姆必须在老城区开店，这算是老城区的第一家麦当劳快餐店。麦当劳其实是想验证他们这种快餐餐馆是否在老城区也能取得很好的收益，而李·邓纳姆看上去则好像是开这样一家快餐官的最佳人选。

为了得到授权，李·邓纳姆投入了自己的全部积蓄，另外还借了 10.5 万美元。他知道，所有那些年他为之努力和奉献的一切就在于此了，他相信自己多年来的准备工作，包括梦想、计划、学习和积蓄都不会付之东流。

接下来，李·邓纳姆开办了在美国老城区的第一家麦当劳快餐店。开始的几个月简直是灾难连连：流氓斗殴、枪战和其他的暴力事件频频在他的饭馆发生，好多次都将他的顾客全都吓跑了。不仅如此，在饭馆内部，雇员们偷食物和现金，他的保险箱经常被撬。而更糟糕的是，他无法从麦当劳总部得到任何的帮助，因为麦当劳总部的代表非常害怕到贫民窟来协调工作。李·邓纳姆别无办法，只有靠自己了。

怎么办？虽然李·邓纳姆的商品、利润甚至他人对自己的信心都曾失去过，但他的梦想却没有人能夺走。因为，他为此付出和等待得太多了！终于，李·邓纳姆想出了一个策略：对那些不务正业的捣乱者实行"以德报怨"的策略！

李·邓纳姆同社区的那些小流氓们进行了开诚布公的交谈，他激励他们重新开始生活。然后他做了有些人认为简直是不可思议的事：他雇用那些小流氓，让他们在自己的餐厅中工作。他不得不加强了管理，对出纳员进行突击检查来避免偷窃，这也算得上是恩威并重吧。他每周一次向雇员们讲授为顾客服务和管理方面的知识，鼓励他们发展个人的职业目标。

李·邓纳姆又赞助社区成立了运动队并设立了奖学金，使流浪闲逛在街道上的孩子们走进了社区中心和学校。他的做法看似很愚蠢，但回报很快就加倍而来。李·邓纳姆没有白白付出，在他的努力下，店内几乎不再发生流氓闹事的事件，顾客也越来越多了，纽约老城区的快餐店成了麦当劳在世界范围内利润最高的连锁店，每年利润高达150万美元！这不能不说是个奇迹。几个月前还不愿跨进贫民窟半步的公司代表，现在簇拥在李·邓纳姆的麦当劳店门前，他们好奇而急切地想知道他是怎样做到的。李·邓纳姆的回答既简单又深刻："为顾客、雇员和社区服务。"

慢慢地，李·邓纳姆的快餐店发展壮大起来，每天卖掉无数快餐。

可以说，李·邓纳姆的成功是建立在"以德报怨"的基础上的。没有他当初对那些闹事者的收容以及对所在社区的贡献，他的麦当劳店根本就开不下去，更别说发展壮大，取得今天的辉煌成就了。

以上几个事例让我们明白一个恒久不变的真理：从古至今，凡是胸襟宽大者、有大家风范者，都能够对人"以德报怨"。这样做，从眼前来看，似乎有"忍气吞声"的嫌疑。不过，从长久的利益来看，这样做的好处就太大了。能够"以德报怨"的人，才能够得人之心，才能够成大事、得天下。

第四章

心性淡泊,随缘处世

凡是想要磨炼心性提高道德修养的人，必须有铁石一样坚定的意志，假如羡慕外界的荣华富贵那就会被物欲包围；凡是想干出一番事业的人，必须有一种高山流水般的淡泊胸怀，假如一有贪恋功名利禄的念头，就会陷入危机四伏的险地。

宠辱若惊，贵大患若身。何谓宠辱若惊？宠为下，得之若惊，失之若惊，是谓宠辱若惊。何谓贵大患若身？吾所以有大患者，为吾有身。及吾无身，吾有何患？故贵以身为天下，若可寄天下；爱以身为天下，若可托天下。

人生在世，宛若浮萍，"随缘"就是豁达的一种表现形式，它不是随便，是顺其自然，不过度、不强求、不忘形。拥有豁达的胸怀，便能拥有洒脱的人生。

荣辱面前泰然处之

如何看待荣辱？有什么样的人生观自然会有什么样的荣辱观，荣辱观是人生观的重要体现。有人以出身显赫作为自己的荣辱标准，公侯伯子男，讲究某某"世家"，某某"后裔"。在商品经济社会里，荣辱可能以钱财多寡为标准。所谓"财大气粗""有钱能使鬼推磨""有啥别有病，没啥别没钱"，等等俗话正是揭示了人们对钱财与自身的认知。现实生活中人们的荣辱观确实在金钱诱惑下发生了变异、动摇、失落。还有一种是"以貌取人"，把一个人的容貌长相、穿着作为划分荣辱的标准。

以家世、钱财、容貌来划分荣辱毁誉的人，尽管具体标准不同，但其着眼点、思想方法都是一致的。他们都是从纯客观的外在条件出发，并把这些看成是永恒不变的财富，而忽视了主观的、内在的、可变的因素，导致了极端的、片面的错误，结果吃亏的是自己。

在荣辱问题上，能做到"宠辱不惊、去留无意"，这才叫潇洒自如、顺其自然。一个人凭自己的努力实干，靠自己的聪明才智获得荣誉、奖赏、爱戴、夸耀时，仍然应该保持清醒的头脑，有自知之明，切莫受宠若惊，飘飘然，"给点阳光就灿烂"。

宠辱不惊，当如阮籍所说"布衣可终身，宠禄岂可赖"。一切都不过是过眼烟云，荣誉已成为过去，不值得夸耀，更不足以留恋。有一种人，也肯于辛勤耕耘，但却经不住玫瑰花的诱惑，有了点荣誉、地位就沾沾自喜，飘飘欲仙，甚至以此为资本，争这要那，不能自持。更有些人"一人得道，鸡犬升天"，居官自傲，横行乡里，他活着就是为了不让别人过得好。这些人是被名誉地位冲昏了头脑，忘乎所以了。

日本有一个白隐禅师，他的故事在世界各地广为流传。故事讲的是：有一对夫妇，在住处的附近开了一家食品店，家里有一个漂亮的女儿。无意间，夫妇俩发现女儿的肚子越来越大，但是女儿还没结婚。女儿做了这种见不得人的事，使得她的父母异常震怒。在父母的一再逼问下，她终于吞吞吐吐地说出"白隐"两个字。

她的父母怒不可遏地去找白隐理论，这位大师对此没有辩驳，只平淡地答道："就是这样吗？"后来，孩子生下来就被送给白隐。此时，他虽已名誉扫地，但并不以为然，只是非常细心地照顾孩子——他向邻居乞求婴儿所需的食物和其他用品，虽横遭白眼，受到冷嘲热讽，但他总是能处之泰然。

事隔一年之后，这位未婚的妈妈终于不忍心再欺瞒下去了。她老老实实地向父母吐露真相：孩子的生父是在鱼市工作的一名青年。她的父母立即将她带到白隐那里，向他道歉，请求他的原谅，并将孩子带回。白隐仍然是淡然如水，他只是在交回孩子的时候，轻声说道："就是这样吗？"仿佛什么事不曾发生过。

白隐为了给邻居的女儿以生存的机会和空间，代其受过，没有马上为自己洗刷清白而辩驳，虽然受到人们的冷嘲热讽，但是他始终处之泰然，"就是这样吗？"这平平淡淡的一句话，就是对"宠辱不惊"最好的解释，反映了白隐的修养之高，道德之美。

人生无坦途，在漫长的道路上，谁都难免要遇到不幸。人类科学史上的巨人爱因斯坦，在报考瑞士联邦工艺学校时，竟因三科不及格落榜，被人耻笑为"低能儿"。小泽征尔这位被誉为"东方卡拉扬"的日本著名指挥家，在初出茅庐的一次指挥演出中，曾被中途"轰"下场来，紧接着又被解聘。为什么厄运没有摧垮他们？因为在他们眼里始终把荣辱看作人生的某个轨迹，是人生的一种磨炼，假如他们对当时的厄运和耻笑，不能泰然处之，也许就没有日后绚丽多彩的人生。

19世纪中叶美国有个叫菲尔德的实业家，他率领工程人员，要用海底电缆把欧美两个大陆连接起来。为此，他成为美国当时最受尊敬的人，被誉为"两个世界的统一者"。在盛大的接通典礼上，刚被接通的电缆传送信号突然中断，人们的欢呼声立刻变为愤怒的狂涛，大家都骂他是"骗子""白痴"。可是菲尔德对于这些毁誉只是淡淡地一笑，不做解释，只管埋头苦干，经过多年的努力，最终通过海底电缆架起了欧美大陆之桥，在庆典会上，他没上贵宾台，只远远地站在人群中观看。

菲尔德不仅是"两个世界的统一者"，而且是一个理性的战胜者，当他遭遇到常人难以忍受的厄运时，通过自我心理调节，作出正确的抉择，从而在实际行为上显示出强烈的意志力和自持力，这就是一种理性的自我完善。

世上有许多事情的确是难以预料的，成功伴着失败，失败伴着成功，人本来就是失败与成功的统一体。人的一生，有如簇簇繁花，既有火红耀眼之时，也有暗淡萧条之日，面对成功或荣誉，要像菲尔德那样，不要狂喜，也不要盛气凌人，而是要把功名利禄看轻些，看淡些；面对挫折或失败，要像爱因斯坦、小泽征尔那样，不要忧悲，也不要自暴自弃，而是要把厄运羞辱看远些，看开些。这样就不会像《儒林外史》里的范进，中了举惹出祸端。范进一心想中举出名，可是几次考试都名落孙山，他饱受各种冷眼，连岳父也看不起他，他发奋学习，后来终于中了举人，然而由于狂喜过度，一口痰上不来，倒地而昏，变成了疯子。

人既要能经受住成功的喜悦，也要有战胜失败的勇气，成功了要时时记住，世上的任何一样成功和荣誉，都依赖周围的其他因素，绝非你一个人的功劳。失败了不要一蹶不振，只要奋斗了，拼搏了，就可以问心无愧地对自己说："天空没有留下我的痕迹，但我已飞过。"这样就会赢得一个广阔的心灵空间，得而不喜，失而不忧，才能在人生的旅途中把握自我，超越自己。

走出悲喜的心境

楚国有一个人叫支离疏，他的形体是造物主的一个杰作或者说是造物主在心情愉快时开的玩笑，脖子像丝瓜，脑袋形似葫芦，头垂到肚子上而双肩高耸超过头顶，颈后的发髻蓬松似雀巢，背驼得两肋几乎同大腿并列，好一个支支离离、疏疏散散的"半成品"！

然而支离疏却丝毫不为自己的形体而伤心，相反，他感谢上苍独钟于他，平日里乐天知命，舒心顺意，日高尚卧，无拘无束，替人缝洗衣服，簸米筛糠，足以糊口度日。当君王准备打仗，在国内强行征兵时，青壮汉子如惊弓之鸟，四散逃入山中。而支离疏呢，偏偏耸肩晃脑去看热闹，他这副尊容谁要呢，所以他才那样大胆放肆。

当楚王大兴土木，准备建造王宫而摊派差役时，庶民百姓不堪骚扰，而支离疏却因形体不全而免去了劳役。每逢寒冬腊月官府开仓赈贫时，支离疏却欣然前去领到小米和粗柴，仍然不愁吃不愁穿。

一个在形体上支支离离、疏疏散散的人，尚用乐天知命，以自然的心性，安享天年。那么把这支支离离、疏疏散散从而遗形忘智、大智若愚的精神运用到立身处世的方法中去，难道还不可逢凶化吉、远害全身吗？

月满则亏，水满则溢。这是世之常理。否极泰来，荣辱自古周而复始。因此，大可不必盛喜衰悲，得喜失悲。盛衰、得失自有天空。

在大得大失、大盛大衰面前，保持一份淡然的心境，貌似一根愚笨的木头，实则为大智大慧者。尤其是要做到败不馁，因为吸取学问的最佳时机就在于跌倒之际。时势造英雄，逆境出人才。

"不以物喜，不以己悲"，在平和随缘的心态下，努力，努力，再努力。这便是走向成功的要诀！朋友，让我们一起努力，走出悲喜的心境，走出人生的低谷，走向鲜花和掌声！

不去比较，学会知足

杭州西子湖畔虎跑寺内一个不很起眼的地方，有一副对联："事能知足心常惬，人到无求品自高。"这是已故弘一法师李叔同先生的遗墨。凡是了解李叔同先生的人都知道，无论从家境、才学、阅历上看，还是拿爱国之情、志向、进取心来比，叔同先生都不会亚于当时或现代的大多数人。然而恰恰是这位自豪"魂魄化成精卫鸟，血花溅作红心草"的热血男儿，认认真真地写下了这样一副对联留诸后世，这便使人不得不冷静下来认真想一想这副对联的深刻内涵。

中国人的知足表现在，从生活的任何状况中都能发现值得为之快乐的东西，就仿佛儿童在海滩拾贝，无论捡到什么都是欣喜的，哪怕一无所获，也不会失望，因为能够自由自在地在大海边游玩这本身就是一种不是人人都能享受到的快乐。我们经常可以看到许多生活艰苦的中国人却笑口常开，而且一般的情况常常越是艰苦越是感到知足。这种生活态度常常教外国人看了莫名其妙。

其实，中国人的知足，也是一种处世的艺术，它小半出于无奈，大半则根源于精神世界的充实丰富以及应付人生世事的自如圆熟。中国人懂得，知足或不知足，都不是生活的主要目的；人生的目的当是寻求生活的快乐，当一个人无法改变现有生活时，他除了接受以外，还能有更明智的选择吗？中国人有此种想法，所以在顺境里能优哉游哉，在逆境中也能够安之若素。

孔子游泰山，见荣启期行乎郕之野，鹿裘带索，鼓琴而歌，孔子见而问："先生所以乐，何也？"对曰："天生万物，唯人为贵。而吾得为人，一乐也；男女之别，男为尊，吾得为男，二乐也；人生有不见日月、不免襁褓者，吾行年九十矣，三乐也；贫者士之常，死者人之终，居常以侍终，何不乐也？"

知足是中国人在深刻理解生活本质之后的明智选择。人的欲望是永无止境的，俗话说："猛兽易伏，人心难降；溪壑易填，人心难满。"但生活所能提供的欲望的满足却总是有限的。因此在人的现实生活中，"足"是相对的、暂时的，而"不足"则是绝对的、永恒的。假如一个人处处以"足"为目标不懈追求，那么他所得到的将是永远的不足；如果一个人以"不足"为生活的事实予以理解和接纳，那么他对生活的感受反倒处处是足的。中国人的处世艺术正是表现在足与不足的调和平衡之中。知"不足"，所以知足；不知"不足"，所以不知足；知"不足"，可以知足；不知足，便总是"不足"。由此可见，知足就是一个人自觉协调人心欲望与实现条件两者关系的过程。用什么来协调？用"知足"来协调。足不足是物性的，而知不知则是人性的。以人性驾驭物性，便是知足；以物性牵制人性，就是不知足。足不足在物，非人力所能勉强；知不知在我，非多少所能左右。

不知足是本然的、合情的，仿佛骑手信马由缰，毫不费力。相反，知足是自觉的、顽强的、坚毅的和难能可贵的。当你在街道上步行看到一辆辆漂亮轿车擦身而过时，当你身居斗室望着窗外一幢幢摩天大楼时，因羡慕、嫉妒而起的不知足，无须吹灰之力便不招而至了。而要摆脱这些情绪的纠缠，今晚依然知足地卧床酣睡，明早照样知足地挤车上班，却是很不容易的。可见，不知足者根本没有资格嘲笑不凡的知足者。在嘲笑别人之余，倒是应该想一想自己为物所役的浅薄、空虚和浮躁。正如程子所说："人为外物所动者，只是浅。"

知足者当然不是无所希冀、无所追求。谁不爱吃山珍海味，谁不喜欢汽车洋房，但现实终归是现实。眼热解决不了问题，伤感也无济于事，在万般无奈之时，唯一可以保持的是这份知足的快乐。在中国布道并居住了长达五十年之久的美国传教士史密斯倒是很了解中国人的知足艺术，他在《中国人的特性》一书中说："所谓'知足'，当然并不是指人人安于现状，不图上进。就个人而论，若有好日子过而此种日子可因努力而得，自然谁也不会推开。"知足是相对的，即使是知足者也会有许多不足的时候。我们不必担心知足会使人懒惰、消极，因为人心不足永远是铁一样的事实。如果说知足者常乐，那么在生活中就没有一个真正常乐的人，可见完全知足的人是没有的，就像没有完全不知足的人一样。

"知足"说时容易做时难。因为知足难，所以中国人的知足常乐才称得上是一种艺术。足与不足，都是比较的结果。一谈到比较，中国人几乎人人都知道一句话："比上不足，比下有余。"生活可以有四种"比较"的方法，"比上"与"比下"是其中的两种，"比己"，即自己跟自己比是一种，还有一种就是"不比之比"，不跟任何东西比较，也算是一种"比较"。这四种"比较"相应地产生四种知足的境界，下面我们就来分而述之。

"比上"自然是不足，这似乎不必多言，因为我们大家都可能尝过这种苦涩的滋味。"比下"当然有余，这是人们一般常用的知足艺术，很简单，但在生活中运用起来却几乎是百试百灵的。从前有一个人不小心丢失了一双新买的金缕鞋，为此他闷在家里茶不思、饭不想地难过了好几天。这天他强打精神到街上闲逛，无意中看到一个拄着拐杖只有一条腿的瘸子，正兴高采烈地与人聊天，蓦然之间，他幡然醒悟：失去一条腿的人尚能如此快活，我丢失了一双鞋又算得了什么呢？想到这里，顿觉心胸爽朗，淤积数天的不快霎时烟消云散。生活是公平的，它毫不吝惜地把大大小小的幸福赐给众人，但也从来不让其中的任何人独占鳌头，免得他过于狂妄；生活也毫不留情地把各种各样的灾难带给人们，却极少把其中的任何人推到绝境，这就是中国人常常爱说的"天无绝人之路"。一个人不管遭受何种痛苦境遇，比上不足，比下也还有余，只要知足，就有快乐——当人失意的时候，都会这样想的。

"比下"虽然比"比上"更能知足常乐，但是，与"比上"一样，"比下"终归要与别人相比，与人相比，总有点受制于人的感觉，而且常常免不了"人比人，气死人"。为了避免这种情形出现，做人最好不要拿自己与别人相比，不管是比上还是比下。如果一定要比，倒不如自己与自己比。怎么比呢？随便遇到什么事，只要倒过来看就可以了。我也讲一个故事来说明这个道理。

从前，一位老婆婆有两个儿子，大儿子是卖伞的，小儿子是卖鞋的。每当下雨的时候，老婆婆便很伤心，因为小儿子的布鞋会因下雨而缺少主顾；但天晴的时候，老婆婆还是很难过，因为大儿子的雨伞会因天晴而卖不出去。老婆婆就是这样晴也伤心，雨也难过，直到有一天一位行者对老婆婆说："你把这件事情倒过来想想不行吗？雨天的时候，你大儿子必然生意兴隆；天晴的时候，你小儿子肯定顾客盈门，这样一来，不管天晴下雨，你都可以快乐了。"生活有时候需要倒过来看待，譬如当你的酒只剩下半瓶的时候，别老是抱怨："只剩下半瓶了！"而应该想想："还有半瓶呢！"有一句禅诗叫"千江有水千江月，万里无云万里天"，任何事都可以从它本身发现知足快乐的源泉，问题是你从什么角度去看。

知足虽然常常通过比较而生，但凡是通过比较而生的知足都不是最高境界的知足。所谓最高境界的知足，在中国人看来，乃是一种源于内在精神的充实完满，是一个人精神世界的沛然自足，大智若愚的先哲老子称此为"知足之足"，并教诲后人说："故知足之足，常足矣！"当一个人拿到一串葡萄，如果他从大到小一颗一颗吃下去，往往会越吃越不知足；如果他从小到大一颗颗吃下去，便会越吃越知足；但一个"知足之足"的人吃葡萄，根本就不会想到葡萄的大小，这样的知足才是真正的知足。

平心静气，精神悠远

诸葛亮在《诫子书》中写道："夫君子之行，静以修身，俭以养德。非淡泊无以明志，非宁静无以致远。夫学须静也，才须学也。非学无以广才，非志无以成学。怠慢则不能励精，险躁则不能治性。年与时驰，意与日去，遂成枯落，多不接世。悲守穷庐，将复何及！"在这段文字里，一个"俭"字，一个"静"字揭示了做人的要诀。俭就是淡泊，静就是宁静。现在有些人一讲到"淡泊"，就认为是"冷淡"；其实，淡泊主要是指物质生活应俭朴平淡，不必过于奢华，因为人的精神品性只有在平淡朴素中才能更好地体现出来，这就叫"淡泊以明志"。明什么"志"？明"德""才""学"等追求之志。冷淡是精神空虚，淡泊不仅不是冷淡，而且对生活很热情，很有追求，只是这种追求不是简单的物质生活追求，所以在迷物近利者看来这种追求有点"无为"，其实这种"无为"正是精神超越的表现。我们可以想象，假如一个人从里到外，从头到脚都浸没在物质欲望的海洋里，能够指望他超越现实吗？所以，"淡泊以明志"，说得很有道理。同时"宁静以致远"也非常深刻。精神境界有高有低，人生志向有远有近。做人最忌目光短浅，胸无大志，终日在方寸天地里翻筋斗，这样的人，叫"斗筲之人"。人之所以会目光短浅，最大的原因就是浮躁贪心，急功近利，不能够安于宁静，忍受寂寞，自然就成不了什么大器，结果只能是"年与时驰，意与日去，遂成枯落，多不接世"。所以，在精神上保持宁静，甘于寂寞，不为利诱，不被物牵，是"修身""广才"的必要条件。纵观历史上有所建树的人，哪一个不是这样的人？董仲舒写《春秋繁露》，"三年不窥园"，一般人耐得住这种寂寞吗？这也是为什么伟人总是很少的原因。中国有一句谚语："心静自然凉。"此"心静"二字，极可玩味。一个人只有在繁华世界中保持平心静气，才能求得精神的悠远。有一古联"淡如秋水闲中味，和似春风静后功"，也隐含类似的意思。

最后，编者在此需强调的是：这里所说的"淡泊"，并不是什么都不干，而是强调在做事时的一种心态。正确看待名利带给人的影响和了解自己内心真正的愿望，无论是从政、经商，还是搞学问、研究艺术，都要把眼前的每一件事情做好，做得漂漂亮亮，有益于人民，有益于社会。把眼光放到整个社会利益的角度上，从狭隘的自我享受中解脱出来。

没有遗憾，才是人生最大的遗憾

　　心理失衡的现象在日益激烈的现代竞争中时有发生。大凡遇到成绩不如意、高考落榜、竞聘落选、与家人争吵、被人误解讥讽等情况时，各种消极情绪就会在内心积累，从而使心理失去平衡。消极情绪占据了内心的一部分，而由于惯性的作用，这部分会越来越沉重；而未被占据的那部分却越来越轻。因而心理明显分裂成两个部分，重者压抑，轻者浮躁，使人出现暴戾、轻率、偏颇和愚蠢等难以自制的行为。这虽然是心理积累的能量在自然宣泄，但是它的行为却具有破坏性。

　　这时我们需要的是"心理补偿"。纵观古今中外的强者，其成功之秘诀就包括善于调节心理的失衡状态，通过心理补偿逐渐恢复平衡，直至增加建设性的心理能量。

　　有人打了一个颇为形象的比方：人好似一架天平，左边是心理补偿功能，右边是消极情绪和心理压力。你能在多大程度上加重补偿功能的砝码而达到心理平衡，就能在多大程度上拥有了时间和精力，信心百倍地去从事那些有待你完成的任务，并有充分的乐趣去享受人生。

　　那么，应该如何去加重自己心理补偿的砝码呢？

　　首先，要有正确的自我评价。情绪是伴随着人的自我评价与需求的满足状态而变化的。所以，人要学会随时正确评价自己。有的青少年就是由于自我评价得不到肯定，某些需求得不到满足，此时未能进行必要的反思，调整自我与客观之间的距离，因而心境始终处于郁闷或怨恨状态，甚至悲观厌世，最后走上绝路。青年人一定要学会正确估量自己，对事情的期望值不能过分高于现实值。当某些期望不能得到满足时，要善于劝慰和说服自己。不要为平淡而缺少活力的生活而遗憾。遗憾只是生活中的"添加剂"，它为生活增添了发愤改变与追求的动力，使人不安于现状，永远有进步和发展的余地。生活中处处有遗憾，然而处处又有希望；希望安慰着遗憾，而遗憾又充实了希望。正如法国作家大仲马所说："人生是一串由无数小烦恼组成的念珠，达观的人是笑着数完这串念珠的。"没有遗憾的生活，才是人生最大的遗憾。

为了能有自知之明，常常需要正确地对待他人的评价。因此，经常与别人交流思想，得到友人的帮助，是求得心理补偿的有效手段。

其次，必须意识到你所遇到的烦恼是生活中难免的。心理补偿是建立在理智基础之上的。人都有七情六欲和各种感情，遇到不痛快的事自然不会麻木不仁。没有理智的人喜欢抱屈、发牢骚，到处辩解、诉苦，好像这样就能摆脱痛苦。其实往往是白花时间，现实还是现实。明智的人勇于承认现实，既不去幻想挫折和苦恼会突然消失，也不追悔当初该如何如何，而是觉得不顺心的事别人也常遇到，并非老天只跟自己过不去。这样，就会减少心理压力，使自己尽快平静下来，客观地对事情进行分析，总结经验教训，积极寻求解决的办法。

再次，在挫折面前要适当用点"精神胜利法"，即所谓"阿Q精神"，这有助于我们在逆境中进行心理补偿。例如，实验失败了，要想到失败乃是成功之母；若被人误解或诽谤，不妨想想"在骂声中成长"的道理。

最后，在做心理补偿时也要注意，自我宽慰不等于放任自流和为错误辩解。一个真正的达观者，往往是对自己的缺点和错误最无情的批判者，是敢于严格要求自己的进取者，是乐于向自我挑战的人。

记住雨果的话："笑就是阳光，它能驱逐人们脸上的冬日。"

乐不可极，欲不可纵

世事如浮云，瞬息万变。不过，世事的变化并非无章可循，而是穷极则返，循环往复。《周易·复卦·彖辞》中说："复，其见天地之乎！""日盈则昃，月盈则食"，中国人从周而复始的自然变化中得到心灵的启示："无平不陂，无往不复"，老子要言不烦地概括为："反者道之动。"人生变故，犹如环流，事盛则衰，物极必反。生活既然如此，安身立命应处处讲究恰当的分寸。过犹不及，不及是大错，大过是大恶，恰到好处的是不偏不倚的中和。基于这种认识，中国人在这方面表现出高超的艺术。常言说："做人不要做绝，说话不要说尽。"廉颇做人太绝，不得不肉袒负荆，登门向蔺相如谢罪。郑伯说话太尽，无奈何掘地及泉，随而见母。凡事留一线，日后好见面。凡事都能留有余地，方可避免走向极端。特别在权衡进退得失的时候，务必注意适可而止，尽量做到见好就收。

一个聪明的女人懂得适度地打扮自己，一个成熟的男子知道恰当地表现自己。美酒饮到微醉处，好花看到半开时。明人许相卿说："'富贵怕见花开'，此语殊有意味。言已开则谢，适可喜，正可惧。"做人要有一种自惕惕人的心情，得意时莫忘回头，着手处当留余地。此所谓"知足常足，终身不辱，知止常止，终身不耻。"宋人李若拙因仕海沉浮，作《五知先生传》，谓安身立命当知时、知难、知命、知退、知足，时人以为智见。反其道而行，结果必适得其反。

君子好名，小人爱利，人一旦为名利驱使，往往身不由己，只知进，不知退。不懂得知可而止，见好便收，无疑是临渊纵马。故老子早就有言在先："功成，名遂，身退。"范蠡乘舟浮海，得以终身；文种不听劝告，饮剑自尽。此二人，足以令中国历史臣宦者为戒。不过，人的不幸往往就是"不识庐山真面目"。

乐不可极，乐极生悲；欲不可纵，纵欲成灾。乐极生悲一语几乎妇孺皆知，但一般人对它的理解，往往是因快乐过度而忘乎所以、头脑发热、动止失矩，结果不慎发生意外，惹祸上身，化喜为悲。凡读过王羲之的《兰亭集序》的人，大致上可以领悟乐极生悲的含义。在崇山峻岭、茂林修竹的雅致环境里，从贤毕至，高朋会聚，曲水流觞，咏叙幽情，这是何等快乐！王羲之欣然记得："是日也，天朗气清，惠风和畅。仰观宇宙之大，俯察品类之盛，所以游目骋怀，足以极视听之娱，信可乐也。"但是，就在"快然自足，曾不知老之将至"之时，突然使人产生了万物"修短随化，终期于尽"的悲哀，于是情绪一转："及其所之既倦，情随事迁，感慨系之矣！向之所欣，俯仰之间，已为陈迹，犹不能不以之兴怀。"这是真正的乐极生悲。

类似的心情变化可以在苏东坡的《前赤壁赋》中进一步得到印证。苏东坡与客泛舟江上，"饮酒乐甚，扣舷而歌"，这本来是很快活的，偏偏乐极生悲，"客有吹洞箫者，倚歌而和之"，其声偏偏又呜呜然。"如怨如慕，如泣如诉"，这八个字真是把一个人由乐转悲之后的难言心境写绝。饮酒本是一件乐事，但多愁善感的人饮酒，往往会见物生情，情到深处反添恨。正如司马迁所说："酒极则乱，乐极则悲，万事尽然。"

乐极生悲概括地讲，是一个人对生命的热爱和留恋而生出的惘然和悲哀；是一个人对生活中好花不常开，好景难常在的无奈和怅怀。人的情绪很难停驻在静止的状态，人对世事盛衰兴亡的更替习以为常之，心境喜怒哀乐的轮回变换也成为自然，人在纵情寻乐之后，随之而来的往往是莫名其妙的空虚伤怀，推之不去避之不开，因为欢乐和惆怅本来就首尾并列。所以庄子在"欣欣然而乐"之后感叹："乐未毕也，哀又继之。"人只有在生命的愉悦中才能体会真正的悲哀。真正的丧亲之痛，不在丧亲之时，而在合家欢宴，或睹旧物思亡人的那一瞬间。人在悲中不知悲，痛定思痛是真痛。

在生活悲欢离合、喜怒哀乐的起承转合过程中，人应随时随地、恰如其分地选择合适自己的位置。孔子说："贵在时中！"时就是随时，中就是中和。所谓时中，就是顺时而变，恰到好处。正如孟子所说的："可以仕则仕，可以止则止，可以久则久，可以速则速"。鉴于人的情感和欲望常常盲目变化的特点，讲究时中，就是要注意适可而止，见好就收。

一个人是否成熟的标志之一是看他会不会退而求其次。退而求其次并不是懦弱畏难。当人生进程的某一方面遇到难以逾越的阻碍时，善于权变通达，能屈能伸，心情愉快地选择一个更适合自己的目标去追求，这事实上也是一种进取，是一种更踏实可行的以屈为伸，以退为进。力能则进，否则退，量力而行。自不量力是安身立命的大敌。当一个人在一种境地中感到力不从心的时候，退一步反而海阔天空。

适可而止，见好便收，是历代智者的忠告，更是安身立命的艺术。

顺其自然，荣辱不惊

如今，"工作真累"和"何日才能成功"之类的说法在社会上广泛流行，这一现象引起了许多社会学家与心理学家的疑惑：为什么社会在不断进步，而人对工作压力的感觉却越来越重，精神越发空虚，思想异常浮躁？

科技的迅速进步，使我们尝到了物质文明的甜头：先进的交通工具、通信工具、娱乐工具……然而物质文明的一个缺点就是造成人与自然的日益分离。人类以牺牲自然为代价，其结果便是陷于世俗的泥淖而无法自拔，追逐于外在的礼法与物欲而不知什么是真正的美。金钱的诱惑、权力的纷争、宦海的沉浮让人殚精竭虑。是非、成败、得失让人或喜、或悲、或惊、或诧、或忧、或惧，一旦所欲难以实现，一旦所想难以成功，一旦希望落空成了幻影，就会失落、失意乃至失志。而那些实现了梦想的呢，又很难真正满足，他们如同一只没有脚的小鸟永远只能飞翔，在劳累中飞向生命的终点。

失落是一种心理失衡，失意是一种心理倾斜，失志则是一种心理失败。而劳累表面上是体力的疲惫，实则是发自内心的衰竭。身心俱疲却找不到一个可以停靠的港湾，是一件多么无奈与绝望的事情！

出家人讲究四大皆空，超凡脱俗，自然不必计较人生宠辱。而生活在滚滚红尘之中的你我，谁也逃离不开宠辱。在荣辱问题上，若能做到顺其自然，那才叫洒脱。一个人，凭着自己的努力实干，凭自己的聪明才智获得了应得的荣誉或爱戴时，更应该保持清醒的头脑，切莫飘飘然，自觉霞光万道，"给点阳光就灿烂"。一个人的荣辱感在很大程度上是来自于别人对自己的一种评价，而生命不应该是活给别人看的。生命可以是一朵花，静静地开，又悄悄地落，有阳光和水分就按照自己的方式生长。生命可以是一朵飘逸的云，或卷或舒，在风雨中变幻着自己的姿态。

老子的《道德经》中说："宠辱若惊，贵大患若身。何谓宠辱若惊？宠为下，得之若惊，失之若惊，是谓宠辱若惊。何谓贵大患若身？吾所以有大患者，为吾有身，及吾无身，吾有何患？"大意是：对于荣辱都感到心情激动，重视大的忧患就像重视自身一样。为什么说受到荣辱都让人内心感到不安呢？因为被尊崇的人处在低下的地位，得到尊崇便感到激动，失去尊崇也感到惊恐，这就叫宠辱若惊。什么叫作重视大的忧患就像重视自身一样？我之所以有大的忧患，是因为我有这个身体；等到我没有这个身体时，我哪里还有什么忧患！

在晚明陈继儒的《小窗幽记》里有一句这样的话：宠辱不惊，闲看庭前花开花落；去留无意，漫观天上云卷云舒。一个人要是能够达到"宠辱不惊，去留无意"的境界，那么就没有什么事物能绊住他的脚、拴住他的心。荣辱相伴相生，莫一而衷。既然如此，何必学他人为自己立下洋洋洒洒的功德碑？不如全部放下，千秋功过，留待后人评说。一字不着，尽得风流。

天空没有翅膀的痕迹，而我已经飞过！

跳出抑郁的枷锁

抑郁如蚕茧，而作茧自缚的还是我们自己。

一代巨星张国荣在 2003 年愚人节夜的自杀，让许多年轻的朋友至今扼腕叹息。关于张国荣自杀的原因众说纷纭，但有一个不容置疑的原因，就是张国荣在自传中写的："记得早几年的我，每逢遇上一班朋友聊天叙旧，他们都会问我为什么不开心。脸上总见不到欢颜。我想自己可能患上忧郁症，至于病源则是对自己不满，对别人不满，对世界更加不满。"这是一个典型的抑郁症患者的告白。其中的抑郁心结竟然一结就是 20 年，结局则是不堪忍受折磨而断然撒手人间。

抑郁症竟能致人非命，这已不是什么危言。调查结果显示，患了抑郁症若不及时进行治疗就可能造成自杀，抑郁症患者有一半以上曾有自杀的想法，其中有 20% 最终以自杀结束生命。在人生的旅途中，抑郁袭来是不可避免的，可以避免的是抑郁症，但患上抑郁症的人大多数却"身在病中不知病"，只有25%的患者知道身患此病。世界卫生组织的最新资料显示，到了2020年，抑郁症将成为仅次于癌症的人类第二大杀手。

这也从另一个角度告诉人们，如果不加以重视，抑郁症的最终结果很可能就是自杀。

忧郁情绪是人在失意时出现的不高兴反应。现代生活节奏的加快、压力的增大、环境的恶化、自然灾害及交通事故的频发、下岗失业的威胁，这些都是人们经常面对的精神刺激，这说明失意几乎不可避免，忧郁情绪随时都会发生。短时间轻度忧郁会使人的内脏神经和内分泌功能发生一定程度的紊乱，造成人体生理损害；长期的忧郁情绪会使人体免疫功能总是处于低下水平，会诱发许多躯体疾病，如心脏病、高血压、偏头疼、胃溃疡、糖尿病等，最严重的是患癌症的可能性明显增加。忧郁情绪也使这些疾病的治疗难度加大，病死率增加。

当人们遇到精神压力、生活挫折、痛苦的境遇或生老病死等情况，理所当然地会产生忧郁情绪。但抑郁症则是一种病理性的忧郁障碍，它和正常人的情绪是不同的。正常人的情绪忧郁是以一定客观事物为背景的，即"事出有因"的；而病理情绪忧郁障碍通常无缘无故地产生，缺乏客观精神应激的条件。或者虽有不良因素，但是"小题大做"，不足以真正解释病理性忧郁征象。一般人情绪变化有一定的时限性，通常是短期性的，通过自我调适、充分发挥自我心理防卫功能，即可重新保持心理平稳。而病理性忧郁症状常持续存在，甚至不经治疗难以自行缓解，症状还会逐渐加重恶化。心理医学规定一般忧郁不应超过两周，如果超过一个月，甚至数月或半年以上，则肯定是病理性忧郁症状。前者忧郁程度较轻，后者忧郁程度严重，并且会影响患者的工作、学习和生活，使之无法适应社会，影响其社会功能的发挥，更有甚者可出现自杀行为。抑郁症可以反复发作，每次发作的基本症状大致相似，有既往史可查。

抑郁症首先产生于一定的心理情结，这些解不开的心结最终导致抑郁症愈来愈重，比如张国荣就是。患抑郁症的人，盘绕他们心灵的往往是这些念头——无论我表现得如何善良美好，我确实是坏的、恶的、无价值的、一无是处的、为自己和别人所不容的；我害怕其他人，我恨他们，妒忌他们；生活是可怕的，而死亡却更糟；过去我碰上的都是坏事，将来降临到我头上的也只有坏事；我不能原谅任何人，而最不能原谅的还是我自己……

其实，焦虑、抑郁、迷惘……充满了人们日常生活及学习工作中的每一个空间，委屈、烦恼、嫉妒也时常伴随左右。要想走出抑郁的包围，面对正面的人生，就必须先给自己制定出现实可行的目标，以及逐渐建立自信心，让阳光充满你快乐的人生。

如果你能做那些自然而然的事情，而你对这些事情又有天然的才能，你就能很容易找到令你满意的地方。而当你违反了自我意志，你可能要经受心理或情绪上的挫折。其实，这是对自己有过高期望的心理在作祟，同时，也因自己缺乏信心而更加不安，并造成表现更不理想。相反的，只要我们能平心静气地顺其自然，抑郁就会消失。

当人感到心神不宁，精神抑郁时，不妨让心灵小憩，松弛一下。

淋浴或浸浴除了可缓和紧张的情绪外，还有消除疲劳之功效。把浴室的灯光调暗一点，然后在温热的水里浸上一二十分钟，静静地感受疲倦的身体被温水抚慰。在闭目养神之余，若播放一曲轻音乐，点燃一支有香味的蜡烛，更可加强轻松的效果。浸泡完后，用一条宽大的软毛巾把自己包裹起来，然后躺在床上，垫高双腿全身心放松休息。

音乐，不论是古典音乐、民族音乐，还是流行音乐，都有助于缓解抑郁的情绪。如果你会弹钢琴、吉他或其他乐器，不妨以此来对付心绪不宁。你不需正襟危坐地练习，随便弹奏即可，也不用太注意拍子和音准。

运动被列为最有效的松弛方法之一。你用不着进行爬山等剧烈运动，只需躺在运动垫上，花 10 分钟做做伸展运动，让四肢有舒展的机会。

种花栽草不仅提供给你呼吸新鲜空气的机会，也能有效地松弛紧张的心情。如没有多余的精力，仅给花草浇水也能收到松弛身心之效果。假如没有草地花园，可在室内养殖小盆花卉。

阅读书报可说是最简单、成本最低的轻松消遣方式，不仅有助于和缓抑郁情绪，还可使人增加知识和乐趣。

如果被一个问题烦扰了一整天，仍然没有显著的进展，最好不要去想它，暂时不作任何决定，让这个问题在睡眠中自然地解决。

丢掉痛苦这个包袱

找了很多工作也没有着落、在公司打拼了 10 年还在原地踏步、失恋、丧亲……种种事件袭击着我们，并成为痛苦的导火索。

痛苦是一种顽固的坏情绪。痛苦会使受害者处于一种极端的状态，它有可能毁灭一个人。痛苦能打破一个人的心理平衡，使他陷入长期的内疚、愤怒、自责、苦难、沮丧以及悲惨和顾影自怜的孤独之中。这个时候，痛苦是毁灭性的，它留给人们的是脸上的皱纹、心灵上的创伤，以及行为上的冲动。

痛苦也会影响到一个人的判断力。它会使我们的生活处在混乱状况之中，陷于痛苦中的人，难以像平常人那样去对周围的事物做出评判；难以像平常人那样，去享受生活中的种种乐趣。因此，当你正处于失落、痛苦、悲伤时，千万不要惊惶失措，不要被痛苦表面的可怕影像所吓倒，以免自己的生活更加凌乱，一发不可收拾。

在你面临极大的悲伤与失落时，最好不要做出人生任何重要的决断，因为处于悲伤中的人，判断力往往不足，一旦你做了错误的判断，又会导致你的坏情绪加重，形成可怕的恶性循环。

懊悔使生活不安，而已做出的选择又无法收回，所以我们在悲伤中的选择应该慎重一点！卡耐基认为，人类有着高度的应变能力，却也有限度，不可能无限制地适应。

有许多时候，你或许曾尝试着用各种各样的方法来战胜像顽疾般困扰着你的痛苦，如请教心理医生，寻求亲人和朋友的帮助，但是在这一切努力之后，你的痛苦依然存在，你等待了一个星期，一切照旧；你等待了一个月、一年、两年，但还是没有改变什么。你仍处于痛苦之中。

这个时候，你不应该灰心丧气，也不应该放弃努力，你应该树立起这样的思想：我要用信念和意志来战胜痛苦。信念是一种巨大的力量，它能改变恶劣的现状，给你带来难以想象的圆满结果。因为充满信念的人是永远不会被击倒的，他们是人生的胜利者。

在你的个人经历中也一定会有这样的情况。例如，你或许不喜欢严重的堵车，但是你忍受了，因为你喜欢工作，你需要养活你的家庭；你或许不喜欢每天花十几个小时全神贯注地阅读课本，然而你却这么做了，因为你要通过考试，从而扩大你的就业前景。为了能够和孩子们一起度过周末，你放弃了自己的社交活动；为了在足球队争得一席之地，你训练举重和跑步；你节省下来原本可以花在自己身上的钱，给某人买昂贵的礼物等。

我们都会把时间、金钱、注意力以及精力投注在一件事情上，但在做这件事情时并不一定都感到愉快，有些事只会令你不舒服，有的甚至让你感到非常不愉快和痛苦。但不管怎样，我们接受了这些痛苦，因为我们清楚，这些痛苦将把我们指引到更崇高的事业。

但是，我们不会无限期地听从痛苦的摆布。我们能够忍受痛苦的限度和将要达到目的的重要性之间是成正比的。若一个人甘冒生命危险去得到一种满足感，其背后自有支持他这样做的正当理由。如：为了把心爱的人从危险中拯救出来，而甘冒生命危险；战时，许多人自愿冒险去保卫他们的国家。

当然，家庭也好，国家也好，其促使人们忍受痛苦做出的牺牲还是有限度的。一个人愿意为国家而牺牲自己的程度，取决于他是否认为这个国家值得他去做这种牺牲。信仰是一块礁石，周围是汹涌澎湃的大海，信仰是一个固定的点，周围的一切都围绕着它而转动。一个认真的人，对信仰保持坚定不移的人，时时刻刻都准备好为自己的信仰去忍受痛苦。可见，每个人生活中的一言一行是由他的人生观来决定的。

我们常看到周围有些人深陷种种艰难困苦时，依然过得快乐而有自信。有些人更为了一种更高尚的目标，为了人类的未来，而不惜牺牲世俗的快乐，甚至为了人类的未来而遭迫害也不在意。因此当我们选择了信仰，也就选择了一种承担。我们克服着坏情绪，是因为知道我们的信仰是正确的，我们是自愿地去承受的。我们甘心经历痛苦，是为了得到在我们一生中都不曾知道的更多益处。所有这些，就是用信念来治疗痛苦的含义。

痛苦是一种毁灭自我的力量，但是痛苦也为我们提供了一个磨炼的机会，尽管它使我们无法享受那种安逸的生活。有人曾说："我相信，苍天不会启用尚未经历过磨难的人。"的确，磨难使我们在痛苦面前成熟稳重起来，这是在安逸的生活中无论如何都做不到的。在与悲惨命运搏斗时，我们会感觉到自己的意志完完全全地处于升华之中。只有经历过磨难的人，才能对生命有深刻的体认；也只有经历过磨难的人，才能够认真地履行他对人类的义务。

有坚定、强烈的生命意志的人是不会回避痛苦的，相反，他们会心甘情愿地把痛苦当作生活的馈赠。他们会怀着这样的信念：即使人生是一杯苦酒，也要把它喝得有滋有味；即使人生是一场悲剧，也要把它演得有声有色；即使生活欺骗了自己，也要对生活怀着感激之心。有坚定生命意志的人，会从自身中寻找勇气和决心，置痛苦于不顾，一如往常地坚持自己的目标。这种坚定不移的精神可以移山倒海，可以建立起一个帝国。

贪欲是祸害的根源

见到利益就想得到，而且得到越多越好，这是许多人共同的心理。看到别人赚钱，自己也想发财，这也是正常的现象。但是君子爱财，取之有道，不能贪心不足。作为一个官员如果太贪婪，那么离自取灭亡的日子就不远了；作为一个青年，如果贪无止境，那么他的前途也将丧失；作为一个商人如果贪心十足，那么他在商战中很快就会败下阵来。人由于贪欲不止，往往只见利而不见害，结果是利也没有得到，害反而先来临了。

贪欲是众恶之本。人一旦贪欲过分，就会方寸皆乱，计算谋略一乱，欲望就更加多，贪欲一多，心术就不正，就会被贪欲所困，离开事物本来之理去行事，就必定导致将事做坏、做绝，大祸也就临头了。

春秋末年，晋国有一个当权的贵族叫智伯。他虽然名叫智伯，其实一点都不聪明，却是个蛮横不讲道理、贪得无厌的人。他本来已经有很大一块封地，却平白无故地向魏宣子索要土地。

魏宣子也是晋国一个贵族，他很讨厌智伯的这种行为，不肯给他土地。他的一个臣子叫任章，很有心计，任章对宣子说："您最好给智伯土地。"

宣子问："我凭什么要白白地送给他土地呢？"

任章说："他无理求地，一定会引起邻国的恐惧，邻国都会讨厌他；他如此利欲熏心，一定会不知足，到处伸手，这样便会引起整个天下的忧虑。您给了他土地，他就会更加骄横起来，以为别人都怕他，他也就更加轻视他的对手，而更肆无忌惮地骚扰别人。那么他的邻国就会因为讨厌他而联合起来对付他，那时他的死期就不远了。"

任章说到这里，顿了一下，见宣子似有所悟，又接着说："《周书》上说，'将要打败他，一定要暂且给他一点帮助；将要夺取他，一定要暂且给他一点甜头'。所以，我说您还不如给他一点土地，让他更骄横起来。再说，您现在不给他土地，他就会把您当作他的靶子，向您发动进攻。您还不如让天下人都与他为敌，让他便成了众矢之的。"

宣子非常高兴，马上改变了主意，割让了一大块土地给智伯。

智伯尝到了不战而获、不劳而获的甜头，接下来，便伸手向赵国要土地。赵国不答应，他便派兵围困晋阳。这时，韩、魏联合，趁机从外面打进去，赵在里面接应，在里应外合，内外夹攻之下，智伯很快便灭亡了。智伯乃外智内愚之辈，就这样毁在外愚内智的任章之手。

历代都有不少清官，他们深知个人的贪欲会毁掉一切，所以不贪图钱财，只是真心为民办事，受到了百姓的好评。

东汉时，有一个叫羊续的人到南阳郡做太守。

南阳是东汉开国皇帝光武帝刘秀的老家，这个地方北靠河南省的熊耳山，南临湖北省的汉水，土地平坦，气候温暖，水源充足，农业生产和工商经济比较发达。由于生活安定富裕，这里郡、县等各级政府机构中请客送礼、讲排场、比吃喝之风颇盛。

羊续到任后,对这种不良风气十分不满。但是,他知道要纠正一郡之风,得先从郡衙和郡守做起。于是,他下定了决心。

一天,郡里的郡丞提着一条又大又鲜的鲤鱼来看望羊续。他向羊续解释说,这条鱼并不是花钱买来的,也不是向别人要来的,而是自己在休息的时候从白河里打捞上来的。接着他又向羊续介绍南阳的风土人情,极力夸赞白河鲤鱼的鲜美可口。他又表白说,这条鱼绝非送礼,而是出于同僚之情,让新到南阳的人尝尝鲜,增加对南阳的感情。羊续再三表示自己心领了,但是鱼不能收。那郡丞无论如何不肯再把鱼提回去,他说,要是太守一定不肯收,就是不愿意同他共事了。羊续感到盛情难却,只好把鱼收下。郡丞放下鱼,欢天喜地地告辞走了。郡丞走了以后,羊续提起那条鱼想了一会儿,就让家里人用一条麻绳把鱼拴好,挂在自己的房檐下边。

过了几天,郡丞又来家里拜望羊续,手里提着一条比上次更大的鲤鱼。羊续很不高兴,他对郡丞说:"你在南阳郡是除了太守以外地位最高的长官了,你怎么好带头送礼给我呢?"郡丞听了,不以为然地摇了摇头,刚想再说几句什么,羊续已经让人从房檐取下上次那条鱼,并对郡丞说:"你看,上次的鱼还在这里,要不你就一块拿回去吧!"郡丞一看,上次那条鱼已经风干得硬邦邦了,一下子脸红到脖子根,很不好意思地离开了太守的家。从此,南阳府上下再也没有人敢给羊太守送礼了。

这件事情很快就传开了,南阳的百姓非常高兴,纷纷赞扬新来的太守。有人还给羊续起了一个"悬鱼太守"的雅号。

在以上两则故事中,智伯因贪心十足,得寸进尺而自掘坟墓,羊续因清正廉洁、防微杜渐而得到百姓的拥戴。

花繁柳密处,拨得开,才是手段;风狂雨急时,立得定,方见脚跟。

痛苦既然避不开，不如保持快乐心态

比尔在一家汽车公司上班。很不幸，一次机器故障导致他的右眼被击伤，抢救后还是没有保住，医生摘除了他的右眼球。

比尔原本是一个十分乐观的人，但现在却成了一个沉默寡言的人。他害怕上街，因为总有那么多人看他的眼睛。

他的休假一次次被延长，妻子苔丝负担起了家庭的所有开支，而且她在晚上又兼职了一份工作，她很在乎这个家，她爱着自己的丈夫，想让全家过得和以前一样。苔丝认为丈夫心中的阴影总会消除的，那只是时间问题。

但糟糕的是，比尔另一只眼睛的视力也受到了影响。比尔在一个阳光灿烂的早晨，问妻子谁在院子里踢球时，苔丝惊讶地看着丈夫和正在踢球的儿子。在以前，儿子即使在更远的地方，他也能看到。

苔丝什么也没有说，只是走近丈夫，轻轻抱住他的头。

比尔说："亲爱的，我知道以后会发生什么，我已经意识到了。"

听到这里，苔丝的眼泪流下来。

其实，苔丝早就知道这种后果，只是她怕丈夫受不了打击要求医生不要告诉他。

比尔知道自己要失明后，反而镇静多了，连苔丝自己也感到奇怪。

苔丝知道比尔能见到光明的日子已经不多了，她想为丈夫留下点什么。她每天把自己和儿子打扮得漂漂亮亮，还经常去美容院，在比尔面前，无论她心里多么悲伤，她总是努力微笑。

几个月后，比尔说："苔丝，我发现你新买的套裙变旧了！"

苔丝说："是吗？"

她奔到一个他看不到的角落，低声哭了。她那件套裙的颜色在太阳底下绚丽夺目。

苔丝想，还能为丈夫留下什么呢？

第二天，家里来了一个油漆匠，苔丝想把家具和墙壁粉刷一遍，想在比尔的心中永远留下一个新家。

油漆匠工作很认真，一边干活还一边吹着口哨。干了一个星期，终于把所有的家具和墙壁刷好了，他也知道了比尔的情况。

油漆匠对比尔说："对不起，我干得很慢。"

比尔说："你天天那么开心，我也为此感到高兴。"

算工钱的时候，油漆匠少算了100美元。

苔丝和比尔说："你少算了工钱。"

油漆匠说："我已经多拿了，一个等待失明的人还那么平静，你告诉了我什么叫勇气。"

但比尔却坚持要多给油漆匠100美元，比尔说："我也知道了，原来残疾人也可以自食其力生活得很快乐。"

油漆匠只有一只手。

奥里森·马登在他所著的《高贵的个性》一书中这样说："我们需要承担一种责任，那就是总是保持快乐的心态，没有其他责任比这更为重要了——通过保持快乐的心态，我们就为世界带来了很大的利益，而这些利益我们自己甚至还不知道。"

不去计较一时得失

一棵苹果树终于开花结果了，它非常兴奋。

第一年，它结了 10 个苹果，9 个被动物摘走，自己得到 1 个。对此，苹果树愤愤不平，于是自断经脉，拒绝成长。

第二年，它结了 5 个苹果，4 个被动物摘走，自己得到 1 个。"哈哈，去年我得到了 10%，今年得到 20%！翻了一番。"这棵苹果树心理平衡了。

而它旁边的梨树，第一年也结了 10 个果子，9 个被摘走，自己得到 1 个。他继续成长，第二年结了 100 个果子。因为长高大了一些，所以动物们没那么好采摘了，果子被摘走 80 个，自己得到 20 个。梨树得到的果子与苹果树同样是从 10% 到 20%，但果子的数目却相差 20 倍。

第三年，梨树很可能结 1000 个果子……

其实，再成长过程中得到多少果子不是最重要的，最重要的是树仍在成长！等果树长成参天大树的时候，你自然就会得到更多。

我们在工作中，也如同一株成长中的果树。刚开始参加工作的时候，你才华横溢，意气风发，相信"天生我才必有用"。但现实很快敲了你几个闷棍，或许，你为单位做了大贡献却没什么人重视；或许，只得到口头重视但却得不到实惠；或许……总之，你觉得自己就像那棵苹果树，结出了果子，自己只享受到很小一部分，看起来很不公平。

为什么付出没有回报？为什么为什么为什么……你愤怒、你懊恼、你牢骚满腹……最终，你决定不再那么努力，让自己所付出的对应自己所得到的。

不久之后，你发现自己这样做真的很聪明，自己安逸省事了很多，得到的并不比以前少；你不再愤愤不平了，与此同时，曾经的激情和才华也在慢慢消退。你已经停止成长了，而停止成长的人，还有什么前途呢？

这样令人惋惜的故事，在我们身边比比皆是。之所以演变成这样，是因为那些人忘记生命是一个历程，是一个整体，总觉得自己已经成长过了，现在是到该结果子收获的时候了。他们因太过于在乎一时的得失，而忘记了成长才是最重要的。

有一位年轻人在一家外贸公司工作了1年，苦活累活都是他干，工资却最低。他曾试探性地与老板谈了待遇问题，但老板没有任何给他涨工资的迹象。

这个年轻人本来想混日子算了，同时骑驴找马另寻他路。当年轻人把自己的想法告诉了一位年长的朋友，他的朋友建议他："出去试试也不错，不过，你最好利用现在这个公司作为锻炼自己的平台，从现在就开始更加努力工作与学习，把有关外贸的大小事务尽快熟悉与掌握。等你成为一个多面手之后，跳槽时不就有了和新公司讨价还价的本钱了吗？"

年轻人想想朋友的建议也有道理。利用现在这样一个有工资的学习机会好好提升自己，自然是不错的。

又是一年后，朋友再次见到了这位昔日不得志的年轻人。一阵寒暄过后，问年轻人："现在学得怎么样？可以跳槽了吧？"年轻人兴奋中夹杂着一丝不好意思，回答道："自从听了你的建议后，我一直在更加努力地学习和工作，只是现在我不想离开公司了。因为最近半年来，老板给我又是升职，又是加薪，还经常表扬我。"

这就是一个"成长"的人的收获。你长得越大，别人就越不敢怠慢你。退一步说，即使被怠慢了，你一身好武艺，何愁没前途？

第五章
以守为攻，善用"韬晦"策略

三国时期，魏王曹叡病故，曹芳即位，司马懿和宗室曹爽同为顾命大臣，一同执政。曹芳对司马懿这个外人不大放心，便想方设法夺了司马懿的兵权。自兵权落到了曹爽的手里之后，司马懿就托病在家休养。

曹爽见司马懿重病在身，就放松了警惕。一次，曹爽带着魏主曹芳，点起御林军出城祭祖，被司马懿抓住机会，带领儿子和众将，直袭朝中。司马懿先是威逼郭太后下旨，说曹爽奸邪乱国，要免职办罪，太后无奈，只得下旨；然后又占了城中的兵营，紧闭了城门。从此，政归司马氏。

司马懿真不愧是一位善于韬光养晦、以退为进的权谋高手。韬光养晦是一门以守为攻、以退为进的学问。它的"守"是为"攻"，它的"晦"是为了"亮"，它的"屈"是为了"伸"。历史上一些伟大人物如周恩来、邓小平对"韬晦"的经典运用，对中国历史的发展、时代的进步，有重要作用。

不与太阳争光辉

木秀于林，风必摧之；堆高于岸，水必湍之。古往今来，多少有才能的人，不仅没有因为才能而打开人生的广阔天地，反而因为才能而陷入人生的死胡同。明朝杨慎在《韬晦术》中说："英雄多难，非养晦何以存身？"大意是指英雄豪杰多灾多难，一定要学会韬光养晦，否则难以存住自己。

西方有句谚语：尽管星星都有光明，却不敢比太阳更亮。

被别人比下去是很令人恼火的事情，所以要是你的上司被你超过，而你又把这些明显地表露出来，自己认为也让别人认为你比上司厉害，这对你来说不仅是蠢事，甚至会产生致命的后果。要明白一个道理，自以为优越总是讨人嫌的，也特别容易招惹上司的嫉恨。大多数人对于在运气、性格和气质方面被超过并不太介意，但是却没有一个人喜欢在智力、能力上被人超过。历史上的薛道衡、杨修的悲惨下场便是最好的例证。

隋炀帝杨广，虽是个弑父杀兄、骄奢淫逸的暴君，却又能写得一手好文章和诗歌，而且他颇为自负，认为自己是当朝第一诗人。有一次，司隶薛道衡写了一首《昔昔盐》的五言诗，被朝野一致称赞，尤其是诗中的"暗牖悬蛛网，空梁落燕泥"一联，更是得到极高的评价，而被广为传颂。隋炀帝闻知后，顿时妒火冲天，后来便抓住薛道衡的一点过失，将其杀害了。事后，杨广还恶狠狠地说："看你还能作'空梁落燕泥'吗？"

至于三国时期的杨修的故事，相信大家都知道。对于这个"聪明绝顶"的谋士之死，明代作家冯梦龙在《智囊》中评道："杨修聪明才智太显露了，所以引起曹操的嫉恨，这样他还能免于灾祸吗？晋代和南朝的皇帝大多数喜欢与大臣们赛诗比字争高低，大家都记取了杨修遭杀害的教训，所以大文学家鲍照故意写些文句啰唆拖沓的文章，书法家王僧虔用拙劣的书法搪塞，这都是为了避免君主的杀害。"

这段话的意思很明白，就是机智聪明的人不要处处在上司面前露出"比上司强、比上司先懂得什么"的样子，否则容易遭嫉恨而招致祸害。

当然，在现代文明社会里，像杨广、曹操那样草菅人命的暴君已不复存在，但刚愎自用、妒贤嫉能的人却大有人在。面对这样的上司，你如果锋芒毕露，逞强显能，显得比他高明的样子，那么必然会遭到他的嫉恨，轻者会给你"小鞋穿"，重者会叫你"下岗"，到那时你将后悔莫及。

第五章 以守为攻，善用"韬晦"策略

一位在一家美国公司驻香港分公司做公关经理的女士，她在商场上有很高的声誉，但却因一件小事而被迫辞职，事情是这样的：美国总公司的几位最高领导者决定在港举行宴会。除了香港公司的总经理及一些要员外，美国总部的要员当然少不了，再加上一向合作无间的大客户，宴会是非常的盛大。

作为香港分公司公关经理的她乐于以女强人自居。一直以来，她属下的公关部都干得非常出色，这也是她引以为自豪的。不知是否胜利冲昏头脑，她在一些宴会中的风头有时竟凌驾于总经理之上。总经理是一位好好先生，在不损害自己利益的情况下，每每在宴会上让她发言。总公司与分公司联合举办宴会的机会极少，她还是头一次经历。由筹备宴会开始，她抱着很谨慎的态度完成各项任务。

宴会当晚，她周旋于宾客间，现场气氛非常和谐。到总公司的高层主管及分公司的总经理致谢辞时，她在旁逐一介绍他们出场。轮到她的上司，即分公司总经理，她不知怎么在介绍之前，竟然先说了一番致谢辞，感谢在场客户一直以来的支持。虽然只有三言两语，但是已让总公司的主管皱眉，因为她当时负责的只是介绍上司出场，而非独立发言。

在宴会进行的过程中，总公司主管曾与她交谈，发现她提及公司的事时，往往只提到个人意见，而全然不提及总经理，给人的感觉是，她才是分公司的最高主管。结果，分公司总经理被上级邀请开会，询问他是否完成坚守自己的岗位，而非疏懒至由公关经理代为处理日常业务。忍无可忍之下，总经理开始对她有了意见，批评的声音多了起来。最终，她自动辞职，而她认为是总经理妒贤嫉能，刻意打压自己，却不知道真正的原因是自己的锋芒太露、喧宾夺主。

作为一个人，尤其是作为一个有才华的人，要做到不露锋芒，既有效地保护自我，又能充分发挥自己的才华，不但要说服、战胜盲目骄傲自大的病

态心理，凡事不要太张狂太咄咄逼人，更要养成谦虚让人的美德。所谓"花要半开，酒要半醉"，凡是鲜花盛开娇艳的时候，不是立即被人采摘而去，就是衰败的开始。人生也是这样。无论你有怎样出众的才智，一定要谨记：不要把自己看得太高，不要把自己看得太重要，要懂得收敛锋芒。

藏巧于拙，用晦而明

《阴符经》说："性有巧拙，可以伏藏。"它告诉我们，善于伏藏是制胜的关键。一个不懂得伏藏的人，即使能力再强、智商再高也难以战胜对手，甚至还会招来杀身之祸。

而伏藏的内容又可分为两层：一是藏拙，这是一般意义上的伏藏，也是最常用的。藏住自己的弱点，不给对方可乘之机；而另一种，也是更高明的——"藏巧"，也就是"养晦"。

《三国演义》记载：曹操原本对刘备不放心，消灭吕布后，让车胄镇守徐州，把刘、关、张一同带回许都。既然归顺于他，也就得给些甜头，于是曹操带刘备进见献帝，论起辈分，刘备还是献帝的叔叔，所以后来人家叫他"刘皇叔"。刘备原先就是豫州牧，这次曹操又荐举他当上了左将军。曹操为了拉拢刘备，对他厚礼相待，出门时同车而行，在府中同席而坐。一般人受到如此的礼遇，应该高兴，刘备却恰恰相反。曹操越看重他，他越害怕，怕曹操知道自己胸怀大志而容不下他，更怕"衣带诏"事发。原来，献帝想摆脱曹操的控制，写了一道讨灭曹操的诏书，让董承的女儿董贵人缝在一条衣带中，连一件锦袍一起赐给董承。董承得到这"衣带诏"，就联合了种辑、吴子兰、王服和刘备结成灭曹的联盟。因为此事关系重大，一点儿风声也不能透露。于是，刘备装起糊涂来，躲在后花园种菜，连关羽、张飞都搞不懂大哥为什么变得这么窝囊。

一天，刘备正在后花园浇水种菜，许褚、张辽未经通报就闯进后花园，说曹操有请，让刘备马上就去。当时关羽、张飞正对刘备那种悠闲自得的行为不满，一块儿出城练习射箭去了。刘备只得孤身一人去见曹操，刘备心中忐忑不安：难道董承之谋露了馅？因为心里有鬼，所以越发紧张。曹操见了他，劈头就是一句："您在家里干的好事呀！"刘备觉得脸上的肉都僵了，两条腿直发抖，吓得一时说不出话来。幸好曹操长叹了一口气后，又冒出一句："种菜也不是一件容易的事呀！"刘备这才知道曹操所说的"好事"不是指"衣带诏"的事，提到嗓子眼的那颗心才暂时放了下来。曹操拉着刘备的手，一直走到后花园。曹操指着园中尚未成熟的青梅果子，对刘备讲起前不久征讨张绣时发生的"望梅止渴"的故事来："征途中酷暑难忍，将士们口干舌燥，我就用马鞭遥指着前方一片树林说，前边有一片梅林，梅果青青，可以止渴了。将士们一听'梅果青青'，不觉人人牙酸流涎，嗓子一时竟不渴。今天，我看到这后园的青梅，不由得想起旧事，特地请您来赏梅饮酒。"刘备此时仍是惊魂未定，虽是心不在焉，却还是故作认真地听着。

六月的天，孩儿的脸，说变就变。刚才还是大晴的天空，现在却涌起团团乌云，急风吹得梅树刷刷地响，常言"风是雨的头"，曹操忙拉着刘备躲到小亭子里。刘备这才发现，亭中已经备好一盘青梅果，一壶刚刚煮好的酒，知道是曹操早有准备。二人对面坐下，开怀畅饮，天南地北闲聊起来。

曹操为什么单单要请刘备来喝酒呢？原来他也是想趁酒后话多的时候，探探刘备的真心，看他是不是也像自己一样，有不甘屈居人下，称王称霸的雄心。当酒喝得正来劲的时候，曹操发话了："玄德，您久历四方，见多识广，请问，谁称得上是当今的英雄？"刘备没有提防曹操突然谈这个话题，一时不知他葫芦里卖的什么药，只好搪塞道："我哪配谈论英雄呢？"可是曹操抓住这个话题不放，又补充一句："即便不认识，也听别人说过吧！"刘备见曹操定要自己说个究竟，心里已对曹操的用意猜出八九分。于是开始装糊涂了，他略一思索地说："淮南的袁术，已经称帝，可以算作英雄吧！"曹操一笑说："他呀，不过是坟中的枯骨，我这就要消灭他！"刘备又说："河北的袁绍，出身高贵，门生故吏满天下，现在盘踞四个州，谋士多，武将勇，可以算作英雄吧！"曹操又笑了笑说："袁绍外表很厉害，胆子却很小，虽然善于谋划，关键时刻却犹豫不决。这种干大事怕危险、见小利不要命的人，可算不得英雄。"刘备又说："刘表坐镇荆州，被列为'八俊'之首，可以算作英雄吗？"曹操不屑地说："刘表徒有虚名而已，也不能算英雄！"刘备接着说："孙策血气方刚，已经成为江东领袖，是英雄吧！"曹操摇摇头说："孙策是凭借他父亲孙坚的名望，算不得英雄。"刘备又说："那益州的刘璋能算英雄吗？"曹操摆摆手说："刘璋只仗着自己是汉家宗室，不过是个看家狗罢了，怎么配称英雄呢？"

刘备见这些割据一方的大军阀都不在曹操眼里，只得说："那么像汉中张鲁，西凉韩遂、马腾这些人呢？"曹操一听刘备说出的尽是一些二流的名字，禁不住拍手大笑说："这些碌碌的小辈，何足挂齿呀！"刘备只得摇摇头说："除了这些人，刘备我孤陋寡闻，可实在不知道还有谁配称英雄了。"

曹操停住笑声，盯着刘备说："英雄，就是要胸怀大志，腹有良谋。所谓大志，志在吞吐天地；所谓良谋，谋能包藏宇宙。"说罢，他仔细观察刘备的反应。刘备佯装不知，故意问道："请问，谁能当得起这样的英雄呢？"曹操用手指指刘备，又点点自己，神秘地说："现在天下称得起英雄的，只有你和我呀！"一听这话，刘备不由得心中一震，吓得手一松，筷子掉到了地下。此时，恰巧闪电一亮牵出一串震耳欲聋的霹雳，轰隆隆炸得天都要裂了。刘备弯腰拾起筷子，缓缓地说："天威真是厉害，这响雷几乎把我吓坏了。"

曹操通过对当世之英雄的一番议论，观察到刘备闻雷时丢掉筷子的情景，还真以为刘备不但是个目光不够远大之人，而且是让惊雷震掉了筷子的胆小鬼，禁不住哈哈大笑起来。自此，曹操对刘备的戒备也就松弛了许多，最终使刘备寻得脱身到徐州的机会。

刘备正是依靠装呆作痴，隐真示假，行韬晦之计，屈中求伸，使自己的利益在朦胧中得以保全，以待东山再起。

刘备藏而不露，人前不夸张、显炫、吹牛、自大，装聋作哑，不把自己算进"英雄"之列。这办法是很让人放心的。他的种菜、他的数英雄，至少在表面上掩盖了自己的大志。一个人在世上，气焰是不能过于张扬的。李白有一句耐人寻味的诗，叫"大贤虎变愚不测，当年颇似寻常人"，揭示了另一种意义上的保藏用晦的处世法。这是指在一些特殊的场合中，人要有猛虎伏林、蛟龙沉潭那样的伸屈变化之胸怀，让人难以预测，而自己则可在此期间从容行事。

洪应明《菜根谭》："藏巧于拙，用晦而明，寓清于浊，以屈为伸，真涉世之一壶，藏身之三窟也。"

一个人要想拥有足以藏身的"三窟"，作为自己处世的安全之道，除了要藏巧于拙锋芒不露之外，还要有韬光养晦不使人知道自己才华的修养功夫。此外，在污浊的环境中保持自身的纯洁也极重要，要把自己锻炼成犹如荷花一般"出淤泥而不染"。

所以，做人宁可装得笨拙一点，不可显得太聪明；宁可收敛一点，不可锋芒毕露；宁可随和一点，不可自命清高。是故德高者愈益偃伏，才俊者尤忌表露，可以藏身远祸也。

早起的鸟儿有虫吃

要想拥有一个成功的人生，保持勤奋是除立志之外最为重要的事。无论多么远大的志向，如果不能以勤奋的态度去努力落实，就永远也无法变成现实，最终也只是海市蜃楼而已。

爱迪生曾经说过这样一句话：成功是百分之九十九的汗水加百分之一的天分。没有人能只依靠天分而成功。天分与生俱来，而勤奋将天分变为天才。放着天分不用勤奋挖掘，就像古代那个叫仲永的人一样，虽然聪明过人，出口成章，但高傲懒惰，最终仍然一事无成。

国际著名恐怖小说大师斯蒂芬·金在每一年的每一天里，都重复着做一件事情——写作。当每一天黎明的第一道曙光照亮大地的时候，他就开始伏在打字机前，开始他一天的写作了。他一边听着美妙的音乐，一边飞快地敲打着打字机的键盘，每天都如此。

在斯蒂芬·金成名之前，也曾经有过一段坎坷的经历。那个时候，他一贫如洗，甚至连电话费都交不起。然而他并没有自暴自弃，而是坚持不懈地努力。功夫不负有心人，他终于一举成名，成为世界上最有名的恐怖小说大师，整天稿约不断。常常是一部小说还在他的大脑之中储存着，出版社高额的预订金就支付给了他。如今，他已经是世界级的大富翁了。可是，他并没有放弃努力，仍然坚持每天写作。

斯蒂芬·金成功的秘诀很简单，只有两个字：勤奋。一年之中，他只有三天的时间是不写作的。也就是说，他只有三天的休息时间。这三天是：生日、圣诞节、美国的独立日（国庆节）。勤奋给他带来的好处是：永不枯竭的灵感。我国的学术大家季羡林老先生曾经说过："勤奋出灵感。"缪斯女神对那些勤奋的人总是格外青睐的，她会源源不断给这些人送去灵感。

斯蒂芬·金和一般的作家有点不同，一般的作家在没有灵感的时候，就去干别的事情，从不逼自己硬写。但斯蒂芬·金在没有什么可写的情况下，也要每天坚持写5000字。这是他在早期写作时，他的一个老师传授给他的一条经验。而在早期的创作实践中，他也是坚持这么做的。也就是说，他在写作上，有过强化训练的经历和体验。这段经历使他终身受益。他说，我从没有过没有灵感的恐慌。

任何时候，我们都要始终坚定这样的信念：我们的付出一定会得到回报。这种回报有显性的和隐性的，有目前的和长远的。我们要走出误区，不要被显性和目前的回报迷惑了双眼而停滞不前，更不要因为隐性和长远的回报而灰心丧气。如果你没有得到回报，那么理由只有一条，就是你的努力还不够。所以，勤奋是我们成功的唯一捷径。

我们往往以为自己很努力了，其实我们还不够努力，所以我们没有成功。鲜花和掌声从来不会光顾懒惰的人，超人的成就往往是付出了比常人多出十倍的努力换来的。这是永恒的真理。不要怨天尤人，不要总奢望有能呼风唤雨的父母，即使把你安排到了一个显要的位置，如果你无法胜任，也许可以偶尔充当一下南郭先生，但要想永久地服众则是痴人说梦。不要说自己的运气不好，机遇总是留给那些有准备的人的。更不要说自己没有天分，如果你这样认为就是对自己彻底的放弃。

晚清中兴名臣曾国藩说："勤字功夫，第一贵早起，第二贵有恒"，言简意赅地说明了勤奋的两个最基本的要素。当然，在今天，由于人们各自的事业不同，对于每一个人而言，勤奋的要求也不尽相同，但天道酬勤相同，有一分勤奋便会有一分收获，如果能有十分的勤奋，这个世界上还有什么样的目标是无法实现的呢？

远离漩涡的人，最先登上彼岸

中国的大智者老子说："夫唯不争，故无尤。"这句话的意思是，正因为不与人相争，所以遍天下没人能与他相争。

可惜的是，真正能醒悟和运用这个道理的人很少。

某部门部长退休在即，围绕这个即将空出的部长"宝座"，部门里斗得乌烟瘴气。资历老一点的以资历为卖点，学历高一点的以学历为骄傲……各自表功，又互相拆台。单位里一时间鸡飞狗跳，一片狼藉。最后，组织上任命没有参与这场争斗的老王为代部长，半年后，老王正式成为部长。此事似乎在大家的意料之外，细细推敲，却是情理之中。

三国时的曹操，很注重接班人的选择。长子曹丕虽为太子，但次子曹植更有才华，文名满天下，很受曹操器重。于是曹操产生了换太子的念头。

曹丕得知消息后十分恐慌，忙向他的贴身大臣贾诩讨教。贾诩说："愿您有德性和度量，像个寒士一样做事，兢兢业业不要违背做儿子的理数，这样就可以了。"曹丕深以为然。

一次曹操亲征，曹植又在高声朗诵自己作的歌功颂德的文章来讨父亲欢心，并显示自己的才能。而曹丕却伏地而泣，跪拜不起，一句话也说不出。曹操问他什么原因，曹丕便哽咽着说："父王年事已高，还要挂帅亲征，我作为儿子心里又担忧又难过，所以说不出话来。"

一言既出，满朝肃然，都为太子如此仁孝而感动。相反，大家倒觉得曹植只晓得为自己扬名，未免华而不实，有悖人子孝道，作为一国之君恐怕难以胜任。毕竟写文章不能代替道德和治国才能吧，结果还是"按既定方针办"，太子还是原来的太子。曹操死后，曹丕顺理成章地登上魏国皇帝的宝位。

其实刚开始时，曹丕是极不甘心自己的太子之位被弟弟夺走的，他想拼死一争，却又明知自己的才华远在曹植之下，胜数极微。一时竟束手无策。但他毕竟是个聪明人，经贾诩的点化，脑瓜顿时开窍，运用大智若愚的战术：争是不争，不争是争。与其争不赢，不如不争，我只需恪守太子的本分，让对方一个人尽情去表演吧，以短克长，以愚对智。最后，这场兄弟夺位之争，以不争者胜而告终。

曹丕以不争而保住太子之位，而东汉的冯异则以不争而被封侯。

西汉末年，冯异全力辅佐刘秀打天下。一次，刘秀被河北王郎围困，不少人背离他而去，冯异却更加恭事刘秀，宁肯自己饿肚子，也要把找来的豆粥、麦饭进献给饥困之中的刘秀。河北之乱平定后，刘秀对部下论功行赏，众将纷纷邀功请赏，冯异却独自坐在大树底下，只字不提饥中进贡食物之事，也不报请杀敌之功。人们见他谦逊礼让，就给他起了个"大树将军"的绰号。尔后，冯异又屡立赫赫战功，但凡以功论赏，他都退居廷外，不让刘秀为难。

公元26年，冯异大败赤眉军，歼敌8万人，使对方主力丧失殆尽，刘秀驰传玺书，要论功行赏，"以答大勋"，冯异没有因此居功自傲，反而马不停蹄地进军关中，讨平陈仓、箕谷等地乱事。嫉妒他的人诬告他，刘秀不为所惑，反而将他提升为征西大将军，领北地太守，封阳夏侯，并在冯异班师回朝时，当着公卿大臣的面，赐他以珠宝钱财，又讲述当年豆粥、麦饭之恩，令那些为与冯异争功而进谗言者，羞愧得无地自容。

再讲个有关老百姓自己的故事。古时江南有一个大家族，老爷子年轻时是个风流种，养了一大群妻妾，生下一大堆儿子。眼看自己一天比一天老了，他心想：这么大一个家当总得交给一个儿子来管吧。可是，管家的钥匙只有一把，儿子却有一大群。于是，儿子们斗得你死我活，不亦乐乎。这时，只有一个儿子默默地站在一边，只帮老爷子干事，从不参与争斗。争来斗去，老爷子终于想明白了，这把钥匙交给这群争吵的儿子中的任何一个，他都管不好。最后，老爷子将钥匙交给了不争的那个儿子。

在社会的每一个角落里，争名夺利的事情每天都在发生，有人为的圈套，也有自然的陷阱，它们如同一个巨大的漩涡，把无数人都卷了进去。对此，最明智的做法是，迅速远离它！

因为，在横渡江河时，只有远离漩涡的人，才会最先登上彼岸。

每天都要进步一点点

在 20 世纪 50 年代，日本生产的各种商品急需摆脱劣质的国际恶名，多次请美国的企业管理大师开药方。美国著名的质量管理大师戴明博士就多次到日本松下、索尼、本田等企业考察传经，他开出的方子非常简单——"每天进步一点点"。日本的这些企业按照这个要求去做，果然不久就取得了质量的长足进步，使当时的"东洋货"很快独步天下。现在日本先进企业评比，最高荣誉奖仍是"戴明博士奖"。如果你期冀成才，渴望成功，用心体味戴明博士的方法肯定会受益终生。

每天进步一点点，听起来好像没有冲天的气魄，没有诱人的硕果，没有浩大的声势，可细细地琢磨一下：每天，进步，一点点，那简直是在默默地创造一个料想不到的奇迹，在不动声色中酝酿一个真实感人的神话。

法国的一个童话故事中有一道智力题：荷塘里有一片荷叶，它每天会增长一倍。假使 30 天会长满整个荷塘，请问第 28 天，荷塘里有多少荷叶？答案要从后往前推,即有四分之一荷塘的荷叶。这时,假使你站在荷塘的对岸,你会发现荷叶是那样的少,似乎只有那么一点点,但是,第29天就会占满一半,第30天就会长满整个荷塘。

正像荷叶长满荷塘的整个过程,荷叶每天变化的速度都是一样的,可是前面花了漫长的28天,我们能看到的荷叶都只有那一个小小的角落。在追求成功的过程中,即使我们每天都在进步,然而,前面那漫长的"28天"因无法让人"享受"到成果,常常令人难以忍受。人们常常只对"第29天"的曙光与"第30天"的结果感兴趣,却忽略了"28天"细微的进步、努力与坚持。

聚沙成塔,集腋成裘。大厦是由一砖一瓦堆砌而成的,比赛是一分一分赢的。每一个重大的成就,都是由一系列小成绩累积而成。如果我们留心那些貌似一鸣惊人者的人生,就会发现他们"惊人"并非一时的神来之笔,而是缘于事先长时间的、一点一滴的努力与进步。成功是能量聚积到临界程度后自然爆发的成果,绝非一朝一夕之功。一个人眼界的拓展,学识的提高,能力的提升,良好习惯的形成,工作成绩的取得,都是一个持续努力、逐步积累的过程,是"每天进步一点点"的总和。

每天进步一点点,贵在每天,难在坚持。"逆水行舟用力撑,一篙松劲退千寻"。要"每天进步一点点",就要耐得住寂寞,不因收获不大而心浮气躁,不为目标尚远而置疑动摇,而应具有持之以恒的韧劲;就要顶得住压力,不因面临障碍而畏惧退缩,不为遇到挫折而垂头丧气,而应具有攻坚克难的勇气;还要抗得住干扰,不因灯红酒绿而分心走神,不为冷嘲热讽而犹豫停顿,而应有专心致志的定力。

洛杉矶湖人队的前教练派特·雷利在湖人队最低潮时,告诉12名球队的队员说:"今年我们只要求每人比去年进步1%就好,有没有问题?"球员一听："才1%，太容易了！"于是，在罚球、抢篮板、助攻、抢断、防守一共五方面每个人都有所进步，结果那一年湖人队居然得了冠军，而且是最容易的一年。

不积跬步，无以至千里。让自己每天进步1%，只要你每天进步1%，你就不必担心自己不成长。

在每晚临睡前，不妨自我反思一下：今天我学到了什么？我有什么做错的事？有什么做对的事？假如明天要得到理想中的结果，有哪些错绝对不能再犯？

反思完这些问题，你就会比昨天进步1%。无止境的进步，就是你人生不断卓越的基础。

不用一次大幅度地进步，一点点就够了。不要小看这一点点，每天小小的改变积累下来会有大大的不同。而很多人在一生当中，连这一点进步都不一定做得到。人生的差别就在这一点点之间，如果你每天比别人差一点点，几年下来，就会差一大截。

你在人生中的各方面也应该照这个方法做，持续不断地每天进步1%，长期下来，你一定会有一个高品质的人生。

因为坚持所以不凡

运动场上可能会出现这种场面：一个长跑运动员在距离终点线几米的地方跌倒了，爬起来，跟跄几步，他就是冠军；一旦泄气，伏地不动，他连取得名次最起码的资格都丧失了。

许多人的成功，只不过是比别人多坚持了一点而已。

人生其实就是一个漫长的坚持再坚持的过程，如果你在人生中失去了坚持的耐心，一路上不断放弃，最终只会一无所获。

人生最大的失败，莫过于放弃，成功者之所以寥若晨星，是因为大多数人选择了放弃。据有关调查表明：48%的人在第一次失败时，就一蹶不振了；25%的人面对第二次失败就像泄了气的皮球；15%的人在第三次失败面前选择了放弃；只有2%的人能够不气馁，一直坚持到成功。

众多的成功人士，正是由于有了坚持，才成为与众不同的人，才有了与一般人不一样的天地和活法。

有一个年轻人从小父母离异，是母亲一个人含辛茹苦地把他养大。家境贫寒也掩盖不住年轻人的光芒，小学时，他就对音乐情有独钟，表现出惊人的天赋。望子成龙的母亲更是省吃俭用，凑钱为他买了家中唯一的奢侈品：一架钢琴。高中毕业后，年轻人没有考上大学，只能到餐馆当服务生。

后来，一个偶然的机会，年轻人被台湾乐坛前辈吴宗宪"相中"，顺利进入吴宗宪的公司做音乐制片助理。这期间，他不停地写歌，结果都被吴宗宪搁置一旁，有的甚至还当着他的面扔进了纸篓。

但年轻人没有泄气，他把这一切都当成是对自己的磨炼。终于，吴宗宪被他的努力感动了，打算找歌手专门演唱他的歌曲。但是许多知名歌手都不愿意，因为他写的歌太稀奇、太古怪，歌手们担心会有碍自己的发展，但是年轻人仍然一如既往、默默地坚持着自己的创作。

看到年轻人的坚定和执着，吴宗宪又给了他一个绝好的机会：10天，写50首歌，然后挑选10首，由他自己唱，出自己的专辑。听了吴宗宪的话后，年轻人废寝忘食，绞尽脑汁拼命写歌，对于专辑也精益求精。终于，他的第一张专辑问世，立即轰动歌坛，紧接着第二张专辑《范特西》又风靡流行华语音乐界。

他，就是周杰伦，是最受欢迎的男歌手之一。

坚持，是恒心，是毅力。通往成功的道路充满了荆棘和坎坷，坚持是你披荆斩棘的工具，是你跨越坎坷的动力，"不积跬步，无以至千里"，不要失去信心，只要坚持不懈，终会有结果的。

超乎常人的恒心与毅力

成功的人有什么共同的特点？

恒心！大多数成功者只有平常人的智慧和能力，可是他们在完成一项工作时，在遭受重大困难时，在工作极其繁重时，却有超乎常人的耐心和毅力。

当年宋美龄在称赞张学良将军时曾说道："有超乎常人的毅力，必有超乎常人的抱负。"恒心、毅力都是相对于人生旅途上的坎坷和挫折而言的。任何人在向理想目标挺进的过程中，都难免会遇到各种阻力和重重困难，在这种情况下持之以恒的精神则是最难能可贵的。

所谓"持之以恒"，是做自己命运主宰时，不朝秦暮楚，不被眼前的困难吓倒，不半途而废，不浅尝辄止，不功亏一篑。持之以恒是一种毅力，一种精神。

世界上没有任何东西能够代替恒心，才干不能，有才干的失败者多如过江之鲫；天赋不能，空有天赋一生碌碌的人并不鲜见；教育不能，在我们身边能发现很多高学历的庸人。唯有恒心才能征服一切。

在我们刚上学的时候，教师就告诉我们：坚持就是胜利，并且用很多的例子教导我们。其中一个常用的例子就是：一个挖井人，他一连挖了几口井，都不能坚持到最后，挖到一半便放弃了，他说：这口井没有水。其实水就在下面，就差一点就出水了。挖井人只是没有持之以恒的决心罢了。

生命犹如一场马拉松竞赛，最大的敌人不是别人，而是你自己，你在向事业迈进的旅程中，唯有靠坚定不移的恒心，持续不断的毅力，才能成为一个真正的成功者。

如果通往成功的电梯出了故障，请你走楼梯，一步一步上。只要还有楼梯，或是任何路径，通往你想去的地方，电梯有没有故障都是无关紧要的事了，重要的是你不断地一步一步往上爬。

假使你在途中遇上了麻烦或阻碍，你应该去面对它、解决它，然后再继续前进，这样问题才不会越积越多。同时当你解决了一个问题，其他问题有时也自动消失了。时间能消除许多问题，你只有坚持到底，一个一个来，不要操之过急，只要不放弃，很快地，你就会发现自己有了很大的转变，干劲增强了，自信心也提高了，你会感到一种前所未有的快活。

你在前进的时候，一步步向上爬时，千万别对自己说"不"，因为"不"也许导致你决心的动摇，放弃你的目标，从而返下楼梯，前功尽弃。

宋朝诗人杨万里有诗曰："莫言下岭便无难，赚得行人错喜欢。正入万山圈子里，一山放出一山拦。"人在奋斗的过程中，由于条件有限，必然困难重重，也会有种种干扰。这些困难、干扰就像一座座山横亘在我们前进的道路上，是望山止步，还是翻山而行？十九世纪英国作家福楼拜说得好："顽强的毅力可以征服世界上任何一座高峰。"我们的答案不言而喻。

第六章
吃亏是福，百忍成金

清代康熙在位时，当朝宰相张英与一位姓叶的侍郎都是安徽桐城人，两家毗邻而居，两家都要起房造屋，为争地皮，家人之间发生了争执。

张老夫人便修书北京，要张英出面干预。看罢来信，张英立即作诗劝导老夫人："千里家书只为墙，让他三尺又何妨？万里长城今犹在，不见当年秦始皇。"张老夫人见了一人之下、万人之上的儿子的信后，立即把院墙主动退后三尺；叶家见此情景，深感惭愧，也马上把墙让后三尺。这样，张叶两家的院墙之间，就形成了六尺宽的巷道。

不让别人为难，不与自己为难，让别人活得轻松，让自己活得洒脱，这就是吃亏与忍让的妙处。吃亏与忍让是一种大智若愚的高超处世方法。它包含了愚钝者的智慧、柔弱者的力量，让人领略人生的豁达、安详与宁静。与这个貌似消极的处世方法相比，一切所谓的积极哲学都显得幼稚与不够稳重，不够超脱与圆滑。

与人共事，要学吃亏。俗语云：终身让畔，不失一段。一个不愿吃亏、不懂忍让的人，要么是在与人的争斗中两败俱伤，要么是得到一场场虚假的胜利，因为他在精神与道义上输得精光。

吃得亏中亏，方有福中福

小杨是某广告公司的文案，头脑灵活，文笔很好，但更可贵的是他的工作态度。那时公司正在进行一场大型广告制作活动，每个人都很忙，但老板并没有增加人手的打算，于是公司的人有时也被派到其他部门帮忙，但整个公司只有小杨接受老板的指派，其他的人都是去一两次就抗议了。

小杨说："吃亏就是占便宜嘛！"

事实上也看不出他有什么便宜好占，因为他有时像个勤杂工一样。

两年过后，小杨离开了那家广告公司。

原来他是在"吃亏"的时候，把广告公司的各个运作流程的工作都摸熟了，出去后自己成立了一家广告公司，他真的是占了"便宜"啊！

用"吃亏就是占便宜"的态度来做事，最终你受益无穷。

"吃亏"有两种，一种是主动的吃亏，一种是被动的吃亏。

"主动的吃亏"指的是主动去争取"吃亏"的机会，这种机会是指没有人愿意做的事、是困难的事、是报酬少的事。这种事因为无物质便宜可占，因此大部分的人不是拒绝就是不情愿，如果你主动争取，老板当然对你青眼有加，一份好感必会记在心上，日后无论你是升迁还是自行创业，他都是可能帮助你的人，这也是对人际关系的帮助。最重要的是，你什么事都做，正可以磨炼你的做事能力和耐力，不但懂得比别人多，也进步得比别人快，这是你的无形资产，绝不是用钱能买得到的。

"被动的吃亏"是指在未被告知的情形下，突然被分派了一个你并不十分愿意做的工作，或是工作量突然增加。碰到这种情形，除非健康因素或家庭因素，否则就应接下来；如果冷静观察周围环境，发现也没有你抗拒的余地，那就更应该"愉快"地接下来。也许你不太情愿，但事情已成定局，也只好用"吃亏就是占便宜"来自我宽慰，要不然怎么办呢？至于究竟有没有"便宜"可占，要靠你自己去理解和调整，因为那些"亏"有可能是对你的试炼，考验你的心志和能力，或许是为了重用你啊！姑且不论这是否是重用你的考验,在"吃亏"的状态下,磨炼出了你的耐性,这对你日后做事绝对是有帮助的。我的一个朋友托我给他儿子介绍一个工作,这个孩子是计算机专业的大学毕业生。我把他推荐给一个图书发行公司的老板,老板先请他吃饭,然后安排他到书库实习,结果这个孩子不辞而别。老板后来对我说:"现在的年轻人真怪!不熟悉整个公司工作流程,怎么谈得上管理,又怎么用计算机管理?"老板还说:"我是把他当作人才来使用的,谁知他竟然这么不懂事。我从来不请员工吃饭,他是第一个。"

看来做事"吃亏就是占便宜",做人何尝不是如此。

做人比做事难,但如果也有"吃亏就是占便宜"的心态,那么做人其实也不难;因为人都喜欢占人便宜,你吃一点亏,让人占一点便宜,那么你就不会得罪人,人人当你是好朋友!何况拿人手短,吃人嘴软,今天占你一点便宜,心里多少也会过意不去,只好在恰当时候回报你,这就是你"吃亏"之后所占到的"便宜"!

吃得亏中亏,方有福中福。

忍一时气,免百日忧

人类社会发展到今天,已进入竞争的时代,就连小学生也懂得树立竞争意识,遇到自己能做的事当仁不让。为何现在我们又搬出古老的"忍"经,弹奏起"不谐和音"?

不错,越是竞争的时代,这"忍"字经就越难念;但越是竞争的时代,"忍"字经越得念,而且还得常念,方能确保竞争状态始终旺盛不衰。今天,如果一个人只懂得竞争、进取、冲击,却不懂得忍耐、克制,甚至退让,那他就只能算一个没有头脑的"勇夫"。处在这个彰显自我的时代浪潮之中，人人都有一种强烈的紧迫感、危机感，拼搏、进取、竞争都是正常的。不甘寂寞、焦躁不安、跃跃欲试，成为一种"传染病"。于是，改行的、跳槽的，下海经商的，出国的，干什么的都有；人心思变，人心思动，大家都想趁此良机，干大事，成大器，重新显示自己的人生价值，寻找自己的社会位置。然而时代只提供了机遇，却无法保证每一个人都能获得成功，甚至一举成功。凡事均有长有短、有阴有阳、有圆有缺、有利有弊、有胜有败，何况人生，从生命的孕育期就充满了矛盾，遍布坎坷和曲折。要想经受人生的种种磨难和时代的考验，每一个人都应该具备承受挫折、失败和痛苦的心理素质，"忍"字经在这期间将是你胜不骄，败不馁，能进能退，能屈能伸的"良师益友"。"忍一时之气，免百日之忧，一切诸烦恼，皆从不忍生。莫之大祸，起于斯须之不忍。"宋朝王安石之语，可谓真知灼见。

　　有时，我们之所以需要"忍"，倒不在于单单是为了积蓄力量、掌握主动权。为了真正地在某一事件中弄清真相，了解实情，而不莽撞贸然地凭着一时的冲动和义气办事，也需要"忍"。记得有这样一位小伙子，干事的确有一股子闯劲，敢说敢做，而且，也敢于承担责任。然而，这样一种本来非常好的性格却被一些别有用心的人所利用。一次，他的一位同事在厂外与人打架，衣服撕破了，身上也打出了血。跑到车间上晚班时，狼狈得不像样子。这位小伙子一见，也吃了一惊。这位同事本来吃了亏就心里不服气，想报复，捞回面子，见小伙子问起此事，便添油加醋地把事情讲了一番，并且还把这位小伙子也扯了进来，说是对方也要"治他"，叫他"别神气"。这位小伙子不听则罢，一听便火冒三丈，当即便抄起一根木棍，跑去找人算账。结果，不分青红皂白地将那人打了一顿。后来，他为此受到了十分严厉的批评，赔偿了对方的医疗费和营养费。事后，据调查，对方根本就未曾提起他。尽管两人彼此也认识，但与那位同事打架仅仅是因为他们两人之间的私事。这位小伙子懊恼不迭，直埋怨自己太冲动，头脑简单，以至犯下了大错。

显然，在自己受到攻击、侮辱、谩骂等之后，首先"忍"下来，认真地、仔细地了解事情的来龙去脉，然后再做判断，无疑是一种强者的风格和心态。只有充分相信自己能力的人，才能够处变不惊。先"忍"住，把事情搞清楚，再做决断不迟。在实际生活中，我们经常遇到这一类事。它可能是一种平白无故的批评，也可能是一种莫名其妙的指责；它可能来自同事和朋友们的误解，也可能是出于某些不安好心的人的唆使和阴谋。在这种情况下，如果我们不明察事理，则很容易把事情弄坏，甚至把好事办成坏事。而"忍"则有助于我们推迟判断，获得时间和机会去把事情弄清楚。而一旦了解了事情的真相，掌握了充分的证据和理由，岂不是更有力量去应付人生的种种挑战，解决存在于生活中扑面而来的困难吗？这样的人难道不是强者吗？相反，毛躁轻率，感情用事，容易在无理的情况下办了错事，落荒而逃。

具体到我们的日常生活和工作中，"忍"功的修炼可以从以下几点着手。

第一，吃亏而不慌。人们通常非常害怕吃亏，把这看成是一种人生的倒霉事。究竟什么是"吃亏"呢？究其根底，无非是个人的某些利益受到了损害。于是，一旦感到自己吃了亏，便慌张起来，赶紧采取一些什么补救措施，力求把受损的利益补回来。而这样一慌，便非常容易出乱，一出乱，灾难容易随之而来。因此，"吃亏而不慌"，也是"忍"的一种常见的形式。

在这种形式中，非常重要的一个特点便是"不慌"。吃亏是经常的事，而且它本身也会有各种各样的形式。就一般人而言，吃了亏，心里总是不好受的，会自然而然地产生一种失落感，这是不奇怪的，在心里也不必一定要阿Q式地自我解脱。关键在于不能为此而慌张起来，急于要把损失夺回来、补上去。"忍"就是"忍"在这里。必须看到,自己吃了亏,实际上也是自己得了一个教训,为人生交了一次"学费",以后,便可以在生活中更机警、更聪明一些。如果急于想要去做就事论事的补救,可能当下会略有收益,但却常常是丢了西瓜,捡了芝麻。

其实,在生活中有很多事情自己认为是吃了亏,但实际上并非如此。切不可事事过于功利。"塞翁失马,焉知非福"。多想一想,先别慌,"忍"下来,好处可能晚一点就会出现。

第二,坦然受之,吸取教训。在日常生活中,通常把误信了某人的话、某件事、某个消息,而采取了错误的决策,做出了错误的判断,实施了错误的行动,而导致某种不利的结果,称为"上当"。很多人一旦"上当"之后,往往恼羞成怒,一味地指责那些促成自己上当的当事者。这显然是不理智的。接受"上当"的事实,则是"忍"的又一种形式。既然已经上了当,不忍又怎么办呢?你接受不接受事情都发生了。会"忍"的人则往往采取某种比较智慧的做法,既然已经上当了,就心平气和地接受,还会加以幽默地化解,用某种调侃的语言进行自我解嘲,让自己从沮丧的情绪中跳脱出来。

这种"忍"的形式表明了人们接受某种已经发生的客观事实的坦诚心态,有了这样一种心态,便很容易把这种上当的事看成不足挂齿的琐事,以至于将它作为一种笑料丰富自己的生活,由此变痛苦为快乐。

第三,容人之过。所谓"容过",就是容许别人犯错误,也容许别人改正错误。不要因为某人有某种过失,便看不起他,或一棍子打死,从此以某种眼光去看待对方,"一过定终身"。这也是一种"忍"的形式。

"容过"讲的则是这样一种"过",它给自己带来了一定的损害,或在某种程度上与自己有关。例如,自己的下属有了过错,自己的合作者有了过错,或者是自己的家人有了什么过错，等等。在这种情况下，能否有一种宽容的态度对待这种"过"，是衡量人的素质的一个标准。"容过"就是要压制或克服自己内心对于当事人的愤怒，尽管自己心里并不痛快，感到懊丧，但却应该设身处地地为当事人着想，考虑一下自己如果在这种场合下会如何做，在做错了某事之后又有何想法。当然，这里需要"容"的是对于当事人本人的情绪，而对于事情本身则应该讲清楚，该批评的必须批评，也就是我们常说的对事不对人。

由此可见，"容过"这种"忍"的形式主要反映了人们的一种宽厚、宽恕的品格。很显然，能够"容过"的人，往往能够建立起和谐的人际关系，拥有良好的群众基础。同时，也能够得到人们的赞许和认可。

第四，戒迁怒。有时，人们可能在某一特定场合中出于一定的原因暂时地"忍"下一下人和事，可是，往往心头之火还在燃烧，于是，便随意地找一个对象加以发泄。这便叫"迁怒"。而"戒迁怒"也是"忍"的一种必要的形式。

能否真正做到"戒迁怒"，是衡量一个人是真"忍"，还是假"忍"的重要方式。有些人受了上司的批评，回来后对着自己的下属发脾气；有些人在工作中不顺、受了委屈、出了纰漏，便回家找自己的太太、孩子撒气。这样，无疑是缺乏修养的表现，而且是害人又害己。"戒迁怒"则正是要防止和杜绝这一类现象。曾经有人这样认为，有气憋在肚子里，对身心健康不利。此话当然是有道理的。有气可以找一些适当的对象排解，但是，绝不能随便地发泄。从心理学上讲，这种迁怒常常是由于一时自己心里拐不过弯来，又无法转移自己的内在注意力所致。"戒迁怒"便是希望人们在心里堵着一团火的时候，尽快地转移自己的注意力和兴奋点。这样，便可以通过其他的途径获得解脱。而且，更重要的是，当这样一种"气"使用在有价值的事情上时，或者说被用于某种有益的工作时，它往往会产生一种更好的效果。例如，某个人在某件事情上受了委屈、窝了火。于是，回到家里，便拿起斧子，拼命地劈柴，把满院子的大木柴都给劈好了。这岂不是反而做了好事吗？这可能是人们通常所讲的那种"升华"吧！

不难知道，如果人们不能够真正地"忍"，而总是通过迁怒去发泄自己的愤恨，反而会给人们带来一种对自己的蔑视，让人认为自己是没有本事，只能拿好欺负的人出气。而一旦做到这种"戒迁怒"，则反而会受到人们的尊敬，认为你是一位拿得起、放得下的大胸襟之人。而且，由此还可以获得人们的信任。

能忍让者成大事

日本前首相竹下登，在他的整个政治生涯中，无时无刻不得益于他的忍耐精神。竹下登在谈到他的经验时说，"忍耐和沉默"是他在协助老师佐藤荣作首相时所学到的政治风度。

在中国，"忍"字更成了众多有志之士的成功秘籍。越王勾践也罢，韩信也罢，都曾忍受过别人的欺辱，最终渡过了难关，成就了大业。清代金缨编的《格言联璧·存养》中说："必能忍人不能忍之触忤，斯能为人不能为之事功。"战国时期，有一位出生于魏国的范雎，因家境贫穷，开始时只在魏国大夫须贾手下当门客。有一次，须贾奉命出使齐国，范雎作为随从前往。到了齐国，齐襄王迟迟不接见须贾，却因仰范雎的辩才，叫人赏给范雎十斤黄金和酒，但范雎辞谢了。须贾却由此产生了疑心，认为范雎是把秘密情报告诉齐国，才得了赠礼。回国后，须贾将自己的猜测告诉了魏国宰相魏齐。

魏齐下令把范雎传来，用竹板责打他，打折了肋骨，打落了牙齿。范雎假装死了，被人用箔卷起来，丢在厕所里。接着魏齐设宴喝酒，喝醉了，轮流朝范雎身上小便。后来，范雎设法逃出魏国，改换姓名，辗转到了秦国，当了秦国的宰相。

谁不想功成名就，谁不想轰轰烈烈干一番惊天动地的大事业。可是这世界上能干事的人不少，成大业的却不多，究其原因，方方面面，主客观因素都有。比如要有良好的社会背景，有千载难逢的机遇，也要有智商、有文化、有修养，等等。其中，"忍"也是成就大业的必备心理素质。

孔子曰："小不忍则乱大谋"，也就是说想成大业、干大事，就得忍住那些小欲望，或一时一事的干扰。说白了，就是"放长线钓大鱼"。实际上，这句话本来就有其鲜明的积极意义。对于有理想、有抱负，想为国家、为民族干一番大事的人而言，这个观点是对的，古今成大事者都是坚毅忍耐之人。对于只想为自己、为家庭谋求更好的生活的人，也是应该"忍一时所不能"，忍一时风平浪静，退一步海阔天空。忍能使自己进退自如。

"负荆请罪"的故事传为千古美谈，蔺相如身为宰相，位高权重，而不与廉颇计较，处处礼让，何以如此？为国家社稷也。"将相和"，则全国团结，国无嫌隙，则敌必不敢乘。蔺相如的忍让，正是为了国家安定之"大谋"，忍让成大事。相反，不忍让而"乱大谋"的事也不鲜见。楚汉相争时，项羽吩咐大将曹咎坚守城皋，切勿出战，只要能阻住刘邦15日，便是有功。不想项羽走后，刘邦、张良使了个骂城计，指名辱骂，甚至画了画，污辱曹咎。这下子，惹得曹咎怒从心起，早将项羽的嘱咐忘到九霄云外，立即带领人马，杀出城门。真是，冲冠将军不知计，一怒失却众貔貅。汉军早已埋伏停当，只等项军出城入瓮。霎时地动山摇，杀得曹咎全军覆没。

君子之所以取远者，则必有所待，所就者大，则必有所忍。

百行之本，忍让为上

明代作家冯梦龙在《智囊》一书中记有这样两则故事：一则是说，江阴一带大户望族夏翁，一次乘船过市桥，有人在桥上往船里倒粪汁，粪汁溅到了夏翁的衣服上。这个人与夏家是旧相识，夏翁的仆人怒不可遏，要上前揍他。夏翁说："他不知道是我们，不然怎能来冒犯呢？"于是好言好语劝住了仆人。回到家中，夏翁翻阅账本，查出这个人原来欠了三十两金没还。夏翁心想，他这是借机寻衅，以求一死，于是夏翁有意为这个人减轻了债务。另一则是说，长州尤翁开了三个典当铺。年底某一天，忽听门外一片喧闹声，出门一看，是位邻舍。站柜台的伙计上前对尤翁说："他将衣服当了钱，今天空手来取，不给他就破口大骂，有这样不讲理的吗？"那人仍气势汹汹，不肯相让。尤翁从容地对他说："我明白你的意图，不过是为了渡年关。这点小事，值得一争吗？"于是命伙计找出典物，共有衣物蚊帐四五件。尤翁指着棉袄说："这件衣服御寒不能少。"又指着棉袍说："这件给你拜年用，其他东西现在不急用，可以留在这儿。"那人拿到两件衣服，无话可说，立刻离去。当天夜里，他竟死在别人家里。他的亲属同那家人打了一年多的官司。原来此人负债多，已经服下毒药，知道尤家富贵，想敲笔钱，结果一无所获，就移到另外一家，死在那里。有人问尤翁，为什么能预先知情而容忍他，尤翁回答说："凡无理来挑衅的人，一定有所依仗。如果在小事上不忍耐，那么灾祸就会来了。"人们听了这话，都佩服尤翁的见识。

这两则小故事深刻地说明了"忍一时风平浪静"的道理。夏翁如果允许仆人去同那个往船上倒粪汁的人打斗，尤翁同那个邻居计较，就会因小事而酿成祸殃。由于"两翁"都采取了"忍让""克制"的态度,这既保持了与旧相识、老邻居的友好关系,避免了祸患,又表现出了自身的宽宏大度,受到了人们的敬佩。

我国古代先贤很讲究"忍让""克制"的美德。孔子说:"小不忍,则乱大谋。"荀子说:"志忍私,然后能公;行忍情性,然后能修。"苏东坡也说过:"匹夫见辱,拔剑而起,挺身而斗,此不足为勇也。天下有大勇者,卒然临之而不惊,无故加之而不怒,此其所挟持者甚大,而其志甚远也。"可见,一个人遇事沉着、冷静、忍让,这不但是一种美好的品德,而且也是通往成功之路的重要素质。

公元前203年,韩信降服了齐国,拥兵数十万,而此时刘邦正被项羽军紧紧围困在荥阳。这时韩信派使前来,要求汉王刘邦封他为"假王",以镇抚齐国。刘邦大怒说:"我在这儿被围困,日夜盼着你来帮助我,你却想自立为王!"张良、陈平暗中踩刘邦的脚,凑近他的耳朵说:"目前汉军处境不利,怎么能禁止韩信称王呢?不如趁机立他为王,安抚善待他,让他镇守齐国。不然可能发生变乱。"汉王刘邦醒悟,又故意骂道:"大丈夫平定了诸侯,就该做个真王,何必做个假王呢?"于是就派遣张良前去宣布韩信为齐王,征调他的军队攻打项羽的军队。刘邦忍住怒气,立韩信为齐王,征调韩信的部队,很快就扭转了汉军的不利局面,同时也安抚住了拥兵数十万的韩信。假如他不忍,把韩信大骂一通,不封韩信为齐王,这样不但可能失掉韩信,而且可能给自己带来祸殃。

可见,遇小事需要忍,遇大事也需要忍。那种遇事少谋,猝然而行,稍有不顺就乖气动怒的人,必然会祸患自身。

在现实生活中,人们会遇到许多矛盾和纠纷,大多数人面对各种各样的矛盾和纠纷,能采取"忍让"的态度,弘扬"宽容""克制"的美德。但也有少数人，稍有不顺，轻则辱骂，重则大打出手，结果不但扰乱了社会治安，而且还要赔偿人家的损失，甚至还要负法律责任。

齿刚则折，舌柔则存，柔必胜刚，弱必胜强。好斗必伤，好勇必亡。百行之本，忍让为上。

吃亏是一种福气

在中国传统思想中，有"吃亏是福"一说。这是哲人们所总结出来的一种人生观——它包括了愚笨者的智慧、柔弱者的力量，领略了生命含义的豁达和由吃亏退隐而带来的安稳与宁静。与这种貌似消极的哲学相比，一切所谓积极的哲学都会显得幼稚与不够稳重，不够圆熟。

"吃亏是福"的信奉者，同时也一定是一个"和平主义"的信仰者。林语堂在《生活的艺术》中对所谓"和平主义者"这样写道："中国和平主义的根源，就是能忍耐暂时的失败，静待时机，相信在万物的体系中，在大自然动力和反动力的规律运行之上，没有一个人能永远占着便宜，也没有一个人永远做'傻子'。"

大智者，其行为常常是若愚的。而且，唯有其"若愚"，才显其"大智"本色。其中的"若"这个字在这里很重要，也就是"像"的意思，而不是"是"的意义。以下是唐代的寒山与拾得两位大师（他们二人实际上是一种开启人的解脱智慧的象征）的对话。

一日，寒山对拾得说："今有人侮我、笑我、蔑视我、毁我伤我、嫌恶恨我、诡谲欺我，则奈何？"拾得回答说："但忍受之，依他、让他、敬他、避他、苦苦耐他、不要理他。且过几年，你再看他。"

那些高傲得不可一世的人，他们贪婪的结局一定是够尴尬的，而我们也一定可以想象得出善于舍得者胜利的微笑——尽管这可能是一种洒脱的微笑，不过，它的确会给我们的生活带来一些好处。

我们知道福祸常常是并行不悖的，福尽则祸亦至，而祸退则福亦来，因此，我们应该采取"愚""让""谦"这样的态度来避祸趋福。

"吃亏"往往是指物质上的损失，但是一个人幸福与否，却常常是取决于他的心境如何。如果我们用外在的东西，换来了内心上的平和，那无疑是获得了人生的幸福，这便是值得的。

若一个人处处不肯吃亏，则处处都想去占便宜，于是，骄心日盛。而一个人一旦有了骄狂的态势，难免会侵害别人的利益，于是便起纷争，在四面楚歌之下，又焉有不败之理？

所以，人最难做到的就是在"吃亏是福"的前提下，认识到两点，一个是"知足"，另一个就是"安分"。"知足"则会对一切都感到满意，对所得到的一切，内心充满感激之情；"安分"则使人从来不奢望那些根本就不可能得到的或根本就不存在的东西。没有妄想，也就不会有邪念。所以，表面上看"吃亏是福"以及"知足""安分"会让人有不思进取之嫌，但是实际，这些思想是在教导人们成为一个对自己有清醒认识的人，做一个清醒的正常人。一个非常明白的道理，即不需要任何理论就可以证明的道理就是：相当多的祸患不都是由于人们的"不知足"与"不安分"，或者说是不肯吃亏而引起的吗？

只有退几步，方能大踏步

记得一位外国学者说：会生活的人，并不一味地争强好胜，在必要的时候，宁肯后退一步，做出必要的自我牺牲。

历史上有许多这样的例证。

胡常和翟方进在一起研究经书。胡常先做了官，但名誉不如翟方进好，在心里总是嫉妒翟方进的才能，和别人议论时，总是不说翟方进的好话。翟方进听说了这事，就想出了一个应付的办法。

胡常时常召集门生，讲解经书。一到这个时候，翟方进就派自己的门生到他那里去请教疑难问题，并认认真真地做笔记。一来二去，时间长了，胡常明白，这是翟方进在有意地向人们推崇自己，为此，心中十分不安。后来，在同僚间，他再也不去贬低而是去赞扬翟方进了。

明朝正德年间，朱宸濠起兵反抗朝廷。王阳明率兵征讨，一举擒获朱宸濠，建了大功。当时受到正德皇帝宠信的江彬十分嫉妒王阳明的功绩，以为他夺走了自己大显身手的机会，于是，散布流言说"最初王阳明和朱宸濠是同党。后来听说朝廷派兵征讨，才抓住朱宸濠以自我解脱"，想嫁祸并抓住王阳明，作为自己的功劳。

在这种情况下，王阳明和大太监张永商议道："如果退让一步，把擒拿朱宸濠的功劳让出去，可以避免不必要的麻烦。假如坚持下去，不做妥协，那江彬等人就要狗急跳墙，做出伤天害理的勾当。"为此，他将朱宸濠交给张永，使之重新报告皇帝：朱宸濠捉住了，是总督军们的功劳。这样，江彬等人便没有话说了。

王阳明称病休养到净慈寺。张永回到朝廷，大力称颂王阳明的忠诚和让功避祸的高尚事迹。皇帝明白了事情的始末，免除了对王阳明的处罚。王阳明以退让之术，避免了飞来的横祸。

如果说翟方进以退让之术，转化了一个敌人，那么王阳明则依此保护了自身。

以退让求得生存和发展，这里蕴含了深刻的哲理。

老子曾说过"无为而无不为"，意思是说，只有不做，才能无所不做，唯有不为，才能无所不为。

为了论证这个道理，老子进行了哲学的思辨：许多辐条集中到车毂，有了毂中间的空洞，才有车的作用；揉捏陶泥作器皿，有了器皿中间的空虚，才有器皿的作用；开凿门窗造房屋，有了门窗中间的空隙，才有房屋的作用。所以，"有"所给人的便利，完全靠着"无"起作用。

就是说，"无"比"有"更加重要。不仅客观世界的情况如此，人的行为也如此。人的"无为"比"有为"更有用，更能给人带来益处。一味地争强好胜，刀兵相见，"有为"过盛，最终只能落个身败名裂的下场。

当然，老子贬"有为"扬"无为"的做法，并非完全正确。就社会生活而言，积极奋斗、努力争取、勇敢拼搏、坚持不懈的行为，其价值和意义无疑是值得肯定的。从这点上说，老子的思想不尽合理。但应该看到，人生的路并不是一条笔直的大道，面对复杂多变的环境，人们不仅需要有慷慨陈词的时候，也需要有沉默不语的时候；既要有穷追猛打，也要有退步自守；既应该争，也应该让。一句话，有为是必要的，无为也是必要的。就此而言，老子的无为思想，具有极其重要的意义。

然而，在人生的旅途中，应该什么时候有为，什么时候无为呢？无为和有为的选择取决于主客或敌我双方的力量对比。当主体力量明显占优势，居高临下，采取行动可以取得显著的效果时，应该有为。而当主体处在劣势的位置上，稍一动作，就可能被对方"吃掉"，或者陷于更加被动的境地，那么，便应该以退为进，坚守"无为"，徐徐图之。无为只是一种权宜之计、人生手段，待时机成熟，成功条件已到，便可由无为转为有为，由守转为攻，这就是中国古人所说的屈伸之术。为此，我们提醒那些想建功立业的人，在人生大道的某一个点上，只有退几步，方能大踏步前进！

要有主动让道的精神

　　清代康熙年间，籍贯安徽安庆的当朝宰相张英的老家与一个姓叶的侍郎毗邻而居。某年，张家扩大府第，与邻居叶家为了三尺的地基发生了争执，一起到安庆找知县裁判。张家为了争得这三尺地，暗地修书一封给京城的张英，希望他能给地方知县打个招呼。张英接到家信，回信一封，内附诗一首："千里家书只为墙，让他三尺又何妨？万里长城今犹在，不见当年秦始皇。"张家的人接到回信，当即决定退后三尺筑墙。而叶家见到张家的举动后，也将自家院墙退后三尺重新筑造，以表敬意。这样，两家原本紧挨的墙，变成了一条六尺宽的巷道。这个巷子，名为"三尺巷"，至今为人所津津乐道。

　　是啊，万里长城是何等雄伟，但秦始皇又在哪里呢？人争来争去，到底争到了什么？退一步海阔天空，做人要有主动"让道"的精神。人们常说这样一句话："谁若想在困厄时得到援助，就应在平时礼让他人。"也就是说，包容接纳、团结更多的人，在平常的时候共奋斗，在困难的时候共患难，进而能增加成功的力量，创造更多成功的机会。反之，包容度低，则会使人疏远，减少合作力量，人为地增加阻力。

　　主动让道，要求人首先要学会宽以待人。宽以待人，就要将心比心，推己及人。孔子早就告诫人们："己欲立而立人，己欲达而达人；己所不欲，勿施于人。"意思是自己不愿做，不能接受的事情一定不能推给他人，而要将心比心。在人际交往中，记住"己所不欲，勿施于人"的教诲是大有裨益的，它可以避免提出人们难以接受的要求，避免由此而来的难堪局面，建立和维持良好的人际关系。推己及人,也就是以自己为标尺,衡量自己的举止能否为他人所接受,其依据是人同此心,心同此理。将心比心,还可以采用角色互换的方法,假设自己站在对方的位置上,就能够设身处地地体会到对方的感受,从而达到谅解别人的目的。

要成大事的人还要明白,宽以待人,要有主动"让道"精神。在与他人交往中常常会因为对信息的意义理解不同,个性、脾气、爱好、要求不同,价值观念有差异,产生矛盾或冲突。此时我们应记住乔西·布鲁泽恩的话:"航行中有一条规律可循,操纵灵敏的船应该给不太灵敏的船让道。"所以我们在遇到分歧或是争执时,一定要注意他人的建议是否有合理性,绝不能一棍子打死。主动"让道",而不应争先"抢道"。"礼让三分"能确保"安全",于己于人都有利。

主动让道的精神,还可以贯彻到爱情与婚姻当中。我们不应用苛刻的标准去要求别人,要尊重人家的自由权利。爱情之所以可以成为催人上进的力量,不是由于严厉,而是由于宽容。爱情使人原谅了爱人的种种缺点、毛病,恰恰能使爱人"旧貌换新颜"。因此,做一个肯理解、容纳他人的优点和缺点的人,才会受到他人的欢迎。而对人吹毛求疵,又批评又说教没完没了的人,是不会有自己亲密的朋友的,人家对他只有敬而远之。

有这样一件事:

一个年轻人抱怨妻子近来变得忧郁、沮丧,常为一些鸡毛蒜皮的小事对他嚷嚷,甚至会对孩子无缘无故地发脾气,这都是以前不曾发生的现象。他无可奈何,开始找借口躲在办公室,不愿回家。一位经验丰富的长者问他最近两人是否争吵过,年轻人回答说,为了装饰房间发生过争吵。

他说:"我爱好艺术,远比妻子更懂得色彩,为了每个房间的颜色我们大吵了一场,特别是卧室的颜色。我想用一种颜色,她却想用另一种颜色,我不肯让步，因为我对颜色的判断能力比她要强得多。"

长者问："如果她把你办公室重新布置一遍，并且说原来的布置不好，你会怎么想呢？"

"我绝不能容忍这样的事。"年轻人答道。

于是长者解释："你的办公室是你的权力范围，而家庭及家里的东西则是你妻子的权力范围。如果按照你的想法去布置'她的'厨房，那她就会有你刚才的感受，觉得好像受到侵犯。当然，在住房布置问题上，最好双方能意见一致，但是要记住，在做决定时也要尊重你妻子的意见。"

年轻人恍然大悟，回家对妻子说："你喜欢怎么布置房间就怎么布置吧，这是你的权力！"妻子大为吃惊，几乎不相信。年轻人解释说是一个长者开导了他，他百分之百地错了。妻子非常感动，后来两人言归于好。

夫妻关系和其他许多人际关系一样，会有这样那样不尽如人意的地方，针锋相对永远也不是解决问题的好方法，主动让道则能使对方更多感受到人格的力量，只有以宽容态度面对问题，才可能很好地解决。

在人生旅途中，能够主动让道，将会省却很多的麻烦，也会减少我们的烦恼。礼让他人的习惯与作风，不仅给你增加了人格魅力，也会给你带来意想不到的收获。

以退为进，积蓄能量

当我们想跳过一个较高的障碍物时，往往会先退几步，通过助跑的方式一跃而起。这样，人会跳得更高、更远。强者是一些知道进退的人，与常人不同的是，他们的退是为了进。

秦始皇从继位到亲政，其间经历了九年时间。这期间秦国的政权便落在了母亲赵太后和相国吕不韦的手中。这就使得与君权对立的两大政治集团的势力得到恶性膨胀。

秦始皇继位后，吕不韦的势力得到进一步扩张，而且还攫取了作为国君长者的"仲父"尊号，成为秦国首屈一指的巨富和政治暴发户。更为嚣张的是，吕不韦还招养门客三千人，著写《吕氏春秋》，目的就是企图在秦始皇亲政后，使其仍然按照自己的意图去统一和治理天下。

赵太后在秦庄襄王死后，孤身无偶，吕不韦投其所好，找来假宦官嫪毐，进入太后宫中。太后对他十分宠爱，除了自己所掌政务全部交于这个假宦官决断，还将其封为长信侯。依仗太后权势，假宦官为所欲为，不仅大肆挥霍国家财富，而且广泛搜罗党羽，图谋不轨，许多朝廷重要官员都投靠到他的门下。他家中有奴仆几千人，求得官职来当门客的达一千余人。

面对吕党和后党两集团的嚣张气焰，秦始皇深知自己势不如人，表面上采取了"忍"的策略，不动声色，暗地里却为扫除两大障碍做了充分准备，表现了一个英明君王高超的斗争艺术。

公元前238年，假宦官想在秦故都雍城的蕲年宫杀死秦始皇。秦始皇早有戒备，立刻命令昌平君等人率军镇压，活捉了假宦官。九月，将他车裂，诛灭三族，党羽皆枭首示众，受案件牵连的四千余人全部夺爵流放蜀地。

秦始皇并没有一鼓作气乘机铲除吕氏集团。吕不韦辅佐先王继位的卓著功勋众所周知，在秦国也有深厚的根基，操之过急，难免败事，因而秦始皇暂时没有动吕不韦。公元前237年，秦始皇根基已稳，于是开始逐步解决吕氏集团的问题。他先是免去吕不韦的相国职位，将他轰出秦都咸阳，赶到封邑洛阳居住。秦始皇怕吕不韦与关中六国勾结，最后派人赐他毒酒，迫他自尽。

秦始皇亲政不久，在处于劣势的情况下，以退为进，积蓄力量，以待时机，最后顺利铲除嫪毐、吕不韦两大敌对势力，巩固了君权，为其实现统一大业奠定了坚实的基础。

　　在做大事的过程中，不能一味进攻，尤其身处弱势时，一定要巧妙避开对方的锋芒，以退为进，寻找转机。

　　当我们在成功的道路上突然陷入了死胡同，百般努力都找不到出路在何处时，不妨选择"以退为进"。"退"在某些时候，往往能为我们开创一片新的天空，当然，更为重要的是，"退"能够为我们创造出更多的机会。所以，退也可以看作为了抓住更大的机会所做的必要准备。

第七章
行事要敏,说话宜讷

王衍是西晋时期的太尉，奉命以督军之职带大军与石勒对阵决战，结果全军覆没。

石勒是一个颇有心机的人，他隆重设宴款待王衍，向他打听晋室的宫廷事务。王衍身为败军之将，不是慷慨赴死，而是背主求荣，与石勒侃侃而谈，痛陈晋朝失败的原因，并说自己虽然是朝廷重臣，但是朝廷大事，自己从不参与，席间还语无伦次地劝石勒"黄袍加身"，自立为帝。

石勒听了王衍的话，勃然大怒，指着王衍的鼻子骂道：王衍逆贼！你位高权重，自少年至白头，都在晋室为官，居然说你不参与朝政？我告诉你，晋室之所以衰败到今天这个地步，就是因为有你这种空话连篇的人。

接着，石勒就转身与心腹孔苌商量：我也算见多识广了，没想到还有这么无耻的人，这种人留他不留？

孔苌说：这种背主忘恩之徒，清谈误国，留他何用？

于是，石勒便决定杀了王衍。王衍临死的时候，对左右哀叹道：如果不是标榜清高，崇尚清谈，大家戮力同心，匡扶天下，也不会落此下场！

王衍是一个所谓的清谈家，喜欢谈论纵横之术，口吐玄虚，常执一麈尾拂尘，招摇过市，与人谈论老庄，辨析玄虚，唯独不务实事。当时的名人山涛就说过："何物老妪，生宁馨儿！然误天下苍生者，未必非此人也！"果然不幸而言中。

这就是"清谈误国"的典故。

一个光做不练的人，总是让人生厌。子曰："君子欲讷于言而敏于行。"

这句话的意思是说：君子应该说话谨慎，做事敏捷。讷的原意是不善于讲话，这里引申为说话要谨慎。其实，孔子在《论语·学而》中更明确地提倡："敏于事而慎于言"，也就是多做、少说。

千里之行，基于跬步

父子俩一同穿越沙漠。在经历了漫长的跋涉之后，他们都疲惫不堪，口渴难忍，每迈出一步都异常艰难。这时父亲看到黄沙中有一枚马蹄铁在阳光的照耀下闪闪发光——那是沙漠先驱者的遗留品。

父亲对儿子说，捡起它吧，或许会有用的。儿子抬起失神的眼睛，看了看一望无际的沙漠——有什么用呢？儿子摇摇头。于是，父亲什么也没说，只是弯腰拾起了马蹄铁，继续前行。

终于他们到达了一座城堡，父亲用马蹄铁换了200颗酸葡萄。当他们再次跋涉在沙漠中遭遇干渴时，父子俩吃上了酸葡萄。

一件你不屑一顾的小事或许就是你的机遇，哪怕是一件小事，我们也应该用心去做。

行为本身并不能说明自身的性质，而是取决于我们行动时的精神状态。工作是否单调乏味，往往取决于我们做它时的心境。

每一件事情对人生都具有十分深刻的意义。泥瓦匠们在砖块和砂浆之中看出诗意；图书管理员们经过辛勤劳动，在整理书籍时感觉到自己已经取得了一些进步；学校的老师们对按部就班的教学工作从未感到丝毫的厌倦，他们一见到自己的学生，就变得非常有耐心，所有的烦恼都被抛到了九霄云外。

如果只用别人的眼光来看待自己的工作，仅用世俗的标准来衡量自己的工作，工作或许没有任何吸引力和价值可言。

人们通常认知事物是有局限的，必须从内部去观察才能看到事物的真正本质。有些工作只从表象上去看是不能认识到其全部意义所在的。不要小看自己所做的每一件事，即便是最小的一件，也应该全力以赴、尽职尽责地去完成。小事情的顺利完成，有利于大事情的顺利完成。只有一步一个脚印地向上攀登才不会轻易跌落，人生真正的意义就蕴藏在其中。

一个在日本的留学生，课余为餐馆洗盘子以赚取学费。日本的餐饮业有一个不成文的行规，即餐馆的盘子必须用水清洗七遍。洗盘子的工作是按件计酬的，这位留学生计上心头，洗盘子时少洗一两遍。果然，效率便大大提高，得到的工钱自然也迅速增加。一起洗盘子的日本学生向他请教技巧。他毫不避讳地说："你看，洗了七遍的盘子和洗了五遍的有什么区别吗？少洗两次嘛。"日本学生虽然嘴上表示赞同，却与他渐渐疏远了。

餐馆老板会偶尔抽查盘子清洗的情况。在一次抽查中，老板用专用的白纸测出盘子清洗程度不够，在责问这位留学生时，他振振有词："洗五遍和洗七遍不是一样保持了盘子的清洁吗？"老板只是淡淡地说："你是一个不踏实的人，请你离开。"

为了生计，他又到另一家餐馆应聘洗盘子。这位老板打量了他半天，才说："你就是那位只洗五遍盘子的留学生吧。对不起，我们不需要你。"第二家、第三家……他屡屡碰壁。不仅如此，他的房东不久也要求他退房，原因是他的"名声"对其他住户（多是留学生）的工作产生了不良影响。他就读的学校也专门找他谈话，希望他能转到其他学校去，因为他的行为影响了学校的生源……万般无奈，他只好收拾行李搬到了另一座城市，一切重新开始。他痛心疾首地告诫准备到日本留学的学生："在日本洗盘子，一定要洗七遍呀！"

有的大学生在从事一些毫无创意的工作时，总是感到愤愤不平，认为庸庸碌碌，是浪费青春。在这些思想情绪当中，我们可以看到一些可贵之处，那就是不愿意平庸，而愿意有所作为。但是换一个角度，即从对上级的尊重和服从的角度来说，上述情绪也包含了许多不可取因素，那就是不愿从小事做起。何况上级的安排也许是让你熟悉公司工作流程以便对你委以重任，或许是在考验你工作的态度。

聚沙成塔，集腋成裘。勿以事小而不为，事情即使再小，但"只要能够作出成绩来"，就是一个了不起的人。

房屋是由一砖一瓦堆砌而成的；篮球比赛最后的胜利是由一次一次的得分累积而成的；商店的繁荣也是靠着一个一个的顾客逐渐壮大的。所以，每一个重大的成就都是有一系列的小成就累积而成的。

想要达成任何目标都必须按部就班一点一点来实现。对于那些初入社会的人来讲，不管被指派的工作多么不重要，都应该看成"使自己向前跨一步"的好机会。推销员只有促成交易时，才有资格迈向更高的管理职位。牧师的每一次布道、教授的每一次演讲、科学家的每一次实验，以及商业主管的每一次开会，都是向前跨一步，更上一层楼的好机会。

有时某些人看似一夜成功，但是如果你仔细看他们过去的奋斗历史，就知道他们的成功并不是偶然得来的，他们早就投入了无数的心血，打好了坚固的基础。任何人都不能通过耍小聪明一下子就达到目标，只能一步步走向成功。

不喜欢的工作也要做好

别认为工作就是一个人为了赚取薪水而不得不做的事情。工作其实是施展自己才能的载体，是锻炼自己的武器，是实现自我价值的舞台。

现为北京某著名 IT 企业部门经理的田先生曾表示：之所以有的员工认为工作是为了赚取薪水而不得不做的事情，是由于他们都缺乏坚实的工作观。同时，他以一种非常遗憾的口吻回忆了他自己年轻时候的教训：

田先生从大学毕业进入该公司时，便被派往财务科，做一些单调的统计工作。由于这份工作高中毕业生就能胜任，田先生觉得自己一个大学毕业生来做这种枯燥乏味的工作，实在是大材小用，于是就没有在工作上全力投入；加上田先生大学时代的成绩非常优异，因此，他更加轻视这份工作。结果因为他的疏忽，工作时常发生错误，遭到上司的批评。

田先生认为，假如自己当时不看轻这份工作，好好地学习自己并不专长的财务工作，便能从财务方面了解整个公司，对提升自己的管理能力会大有裨益。原来，公司领导也有意让他通过熟悉财务工作来全面培养他。然而由于自己轻视这份工作，以至于被认为不适合做财务工作而被调至营业部门，最终导致晋升的良机流失。直到后来，财务仍是他工作中脆弱的一环。后来，田先生被调到营销部，他终于感觉有了一份有意义的工作，热爱并投身于此，逐渐崭露头角，事业有了稳步上升。

回首过去，田先生才发现，过去所有公司指派的工作，对自己都有积极的意义。然而，由于他只看到这些工作的缺点，以致无法了解这些工作乃是磨炼自己弱点的最佳机会，也就无法从工作上学习到更多经验。

大多数的人未必一开始就能获得非常有意义的工作，或非常适合自己的工作，倒是有相当一部分的人，刚开始就被派去做一些非常单调和自认为毫无意义的工作，于是认为自己的工作枯燥无味或说公司一点都不能发现自己的才能，因而马虎行事，以至于无法从该工作中学到任何东西。其实，再简单的工作都有你值得学习的地方。

对待任何工作，正确的工作态度应是：耐心去做这些单调的工作，从全局角度出发，培养自己在团队中发挥作用的能力。即使是单调且无趣的工作，也可以通过各种富有创意的方法，使该项工作变得更为有趣且富有意义。如小刘是某单位传达室的工作人员，每天必做的一项工作是发报纸，这个单调的工作让他做得有声有色，如他创造出扇形的报纸排列法，使大家惊喜不已。

想成就一番事业的人，很有必要在年轻时代去体验各种工作，特别是去经历自己所不专长的工作，从而开拓自己所不擅长的能力，丰富自己的工作经验。这是因为倘若在财务方面所知有限、不善处理人际关系、缺乏服务观念、专业技能不精等，对一个想在这些领域一展拳脚的青年人而言，将导致其难以大展宏图。

在当今时代，如果仅专精于一个领域，将会成为一个专才，这样的打工者很可能会停滞在底层，因为越是向高处走，就越需要具备进行全局综合性判断的整合思考能力。如果想要具备这种能力，就必须乐于接受自己所不专长的工作，并设法精通，这是非常重要的。树立了这个观念，我们便能从日常的工作中学习到许多知识。

谦逊的人才受欢迎

做人谦逊，是人生能够洒脱豁达的基础。一个谦逊的人不会把自己看得那么重要，一些在别人眼里莫大的"伤害"与"耻辱"，在他们眼里或许不值一提。他们把自己的分量掂得很清楚，因此有什么别人放不下的东西他们却容易放得下。

谦逊的人恪守的是一种平衡关系，也就是让周围的人在对自己的认同上达到一种心理上的平衡，并且从不让别人感到卑下和失落。古人有"满招损，谦受益"的箴言，忠告世人要虚怀若谷，对人对事的态度不要骄狂，否则就会使自己处在四面楚歌之中，被世人讥笑和瞧不起。总之，谦逊的人轻易不会受到别人的排斥，反而容易得到社会和群体的吸纳和喜欢。

托马斯·杰斐逊是美国第3任总统。1785年他刚担任驻法大使，一天，他去法国外长的公寓拜访。

"您代替了富兰克林先生？"外长问。

"是接替他，没有人能够代替得了他。"杰斐逊回答说。

杰斐逊的谦逊给世人留下了深刻印象。谦逊的目的，并不在于使我们觉得自己渺小，而是以我们的权力来了解自己以及对于社会的贡献。除了杰斐逊，爱因斯坦和甘地等伟人都是谦逊为怀的代表。当然，他们并不自卑，他们对自己的知识和服务人群的目标，以及使世界更趋美好的愿望充满了自信心。

谦逊绝非自我否定，而是自我肯定，是实现我们为人的正直与尊严。谦逊也是成功与失败的融合，我们对于过去的失败有所警惕，对于现在的成功有所感慨，但不能让成败支配自己。谦逊还具有平衡作用，不让我们随便超越自己的能力做事，也不会让我们使自己总处于劣势；它不是让我们高人一等或寄人篱下。谦逊即是宁静，使我们不致受往日失败的拖累，也不致因今日的成功而自大。谦逊是一种情绪的调节器，使我们保持自我本色，青春常驻。

谦逊至少具有下列8种"成分"。

（1）诚恳：诚以待己，诚以待人。

（2）了解：了解自己所需，了解他人所需。

（3）知识：习知自我的本色，不必模仿他人。

（4）能力：扩展聆听与学习的能力。

（5）正直：建立自我的内在价值感，并忠于这份感觉。

（6）满足：了解和建立心灵的平和，不需小题大做。

（7）渴望：寻求新境界、新目标，并且付诸实践。

（8）成熟：因成熟而了解谦逊，因谦逊而获得成功。

谦逊并不表示卑贱，它是快乐的源泉。或许，英国小说家詹姆斯·巴利的话更为中肯："生活，即是不断地学习谦逊。"

勤能补拙，笨鸟先飞

"勤能补拙"是一句饱含哲理的老话，但从学校毕业进入了社会，这句话就不一定能常听到了。

能承认自己有些"拙"的人不会太多，能在进入社会之初即体会到自己"拙"的人更少。大部分人都认为自己不是天才至少也是个干将，也都相信自己接受社会几年的磨炼后，便可一飞冲天。但能在短短几年一飞冲天的人能有几个呢？有的飞不起来，有的刚展翅就摔了下来，能真正飞起来的实在是少数中的少数。为什么呢？大多是因为社会磨炼不够，能力不足。

那么有没有办法在极短的时间里补足自己的能力呢？

所谓的"能力"包括了专业的知识、长远的规划以及处理问题的能力，这并不是三两天就可培养起来的，但只要"勤"，就能很有效地提升你的能力。

"勤"就是勤学，在自己工作岗位上，一刻也不放弃，一个机会也不放弃地学习。不但自修，也向有经验的人请教。别人睡午觉，你学；别人去娱乐，你学；别人一天只有24小时，你却是把一天当两天用。这种密集的、不间断的学习效果相当显著。如果你本身的能力已在一般人水准之上，学习能力又很强，那么你的"勤"将使你很快地在团体中发出亮光，为人所注意。

有一种人的"能力不足"是真的能力不足，也就是说，先天资质不如他人，学习能力也比别人差，这种人要和别人一较长短是辛苦的。这种人首先应在平时的自我反省中认清自己的能力，不要自我膨胀，迷失了自己。如果认识到自己能力上的不足，那么为了生存与发展，也只有"勤"能补救，若还每天痴心妄想，想靠投机取巧来混日子，不要说一飞冲天，也许连饭碗都保不住！

对能力真的不足的人来说，"勤"便是付出比别人多几倍的时间和精力来学习，不怕苦不怕难地学，兢兢业业地学，也只有这样，才能成为龟兔赛跑中的胜利者。

其实"勤"并不只是为了补拙，在一个团体里，"勤"的人始终会为自己争来很多好处：

——塑造敬业的形象。当其他人浑水摸鱼时，你的敬业精神会成为旁人眼光的焦点，认为你是值得敬佩的。

——容易获得别人谅解。当做错了事时，一般人也不忍指责，总是会不忍地认为，已经那么认真了，偶然出点错没什么。

——容易获得领导的信任。当领导的喜欢用勤奋的人，因为这样他可以放心把工作交给你。如果你的能力是真不足，但因为勤，主管还是愿意给你合适的机会。当领导的都喜欢鼓励肯上进的人，此理古今中外皆同。

要办大事就不要计较小事

事情一般有大小之分，大可指全局，小可指细节之处。要做大事，须纵观全局，不可过分纠缠于小事之中摆脱不出，否则也会一事无成。

《郁离子》中讲了这样一个故事：赵国有个人家中老鼠成患，就到中山国去讨了一只猫回来。中山国人给他的这只猫很会捕老鼠，但也爱咬鸡。过了一段时间，赵国人家中的老鼠被捕尽了，不再有鼠害，但家中的鸡也被那只猫全咬死了。赵国人的儿子于是问他的父亲："为什么不把这只猫赶走呢？"言外之意是说它有功但也有过。赵国人回答说："这你就不懂了，我们家最大的祸害在于有老鼠，不在于没有鸡。有了老鼠，它们偷吃咱家的粮食，咬坏了我们的衣服，挖透了我们房子的墙壁，毁坏了我们的家具、器皿，我们就得挨饿受冻，不除老鼠怎么行呢？没有鸡最多不吃鸡肉，赶走了猫，老鼠又会为患，为什么要赶猫走呢？"

这个故事包含了这样一个辩证的道理：任何事情都有好的一面，自然也有存在问题的一面，但是我们应该看其主流。赵人深知猫的作用远远超过猫所造成的损失，所以他不赶猫走。日常生活之中也确实有像赵国人家那只猫那样的人，他们的贡献是主要的，比起他们身上的毛病和他们所做的错事来，其贡献要大得多。如果只是盯住别人的缺点和问题不放，怎么去团结人，充分发挥人才的积极性呢？

同样在处理事情的时候，一味地强调细枝末节，以偏概全，去做工作就会抓不住要害问题，没有重点，头绪杂乱，不知道从哪里下手。因此无论是用人还是做事，都应注重主要矛盾，不要因为一点小事而妨碍了大事的完成。须知金无足赤，人无完人，我们要用的是一个人的才能，不是他的过失，没有必要总把眼光盯在那些过失上面。

古人把对小节不究看作一个人能否成大事的关键，提倡要办大事不计较小事；成就大功业的人，不要追究琐事。

无多言，无多事

释迦牟尼佛曾在莲花池上，面对诸位得道弟子，突然拈花微笑，众人不解其意，而只有迦叶尊者领悟了佛祖的意思，他会心一笑，于是就有了禅宗的起源。孔子参观后稷之庙，发现有铜铸的人像，嘴上贴了封条，背上刻了铭文："古之慎言人也，戒之哉！无多言，多言多败；无多事，多事多患。"

释迦牟尼佛作拈花微笑，铜人铭刻"无多言，无多事"，都说明一个道理：为人宁肯保持沉默寡言的态度，不骄不躁，状若笨拙，也绝对不可以自作聪明，喜形于色，精明外露。

有这样一首诗写道："缄口金人训，兢兢恐惧身。出言刀剑利，积怨鬼神嗔。缄默应多福，吹嘘总是蠢。"善于掩饰自己，又不让他人觉得你深不可测，从而集中心思与力量来对付你。这便是"沉默是金"的道理。

人不可无缄口之铭！

某机关有一个女孩甲，平日只是默默工作，并不多话，和人聊天总是微微笑着。有一年，机关里来了一个好斗的女孩乙，很多同事在她主动发起的攻击下，不是辞职就是请调。最后，矛盾终于指向了女孩甲。

某日，找了个由头女孩乙好像点着了弹药库，噼里啪啦一阵批判，谁知那位女孩只是默默笑着，一句话也没说，只偶尔应一句"啊"。最后，好斗的乙主动鸣金收兵，但也已经自己把自己气得满脸通红，一句话也说不出来。过了半年，这位好斗的女孩子也自请他调。

你一定会说，那个沉默的女孩子"修养"实在太好了，其实不完全是这样。除了修养好，那位女孩子听力不大好，理解别人的话虽没多大问题，但总是要慢半拍，而当她仔细聆听你的话语并思索你话语的意思时，脸上又会出现"无辜""茫然"的表情。女孩乙对她发作那么久，那么卖力，她回应的却是这种表情和"啊！"的不解声，自然觉得一拳打在棉花上，无处着力，难怪要斗不下去，只好鸣金收兵了。

这个故事说明了一个事实："沉默"的吸纳力量是何其的大，面对"沉默"，所有的语言力量都消失了！

只要有人的地方，就会有斗争。这不是新鲜事，因此你要有面对不怀善意的力量的心理准备；你可以不去攻击对方，但一定要有保护自己的"防护网"。

大部分人一听到不顺耳的话就会回嘴，其实一回嘴就中了对方的计，不回嘴，他觉得无趣，自然就偃旗息鼓了；如果你选择包容，他还一再挑衅，只会凸显他的好斗与无理取闹，因此面对你的沉默，这种人多半会在几句话之后就仓皇地"且骂且退"，选择离开。如果你在包容的沉默之外还能装出一副听不懂的样子，那么杀伤力就更大了。

不过，"作哑"不难，要"装聋"才是不易，因此也要培养他人言语"入耳而不入心"的功夫，否则心中一起波澜，要不起来回他一二句是很难的。

学习装聋作哑，除了可以不战而胜之外，也可避免自己成为别人的目标，好处真是不少。

说到做到，重诺守信

一诺千金是做人做事的基本原则。

无论对任何一件事许诺的时候，都必须慎重地掂量，因为诺言价值无限！无论对大人对小孩，对妻子对父母，对同事对朋友，对上司对下属，对老师对同学，对什么人都是这样。也无论大的许诺小的许诺，眼前的许诺将来的许诺，无论什么样的许诺都是这样。无论你的许诺在什么时候作出的也都是这样。你的许诺价值千金。

作出许诺之前，你首先得判断它对人有无意义，价值几何，凡对人没有意义和价值的许诺，就没有必要作出。其次，你得考虑有无时间、精力和才能实现你的许诺，如果没有足够把握时你尽量不用作出。你还得多方考虑，实现你的许诺是否还需要其他条件的辅助，你是否具备那些条件，没有把握实现时，你最好不要轻易作出许诺。

当然，如果你嫌这样太瞻前顾后，太谨小慎微，有时你也不妨作出一些大胆的许诺。只是你在作出许诺的同时，必须告诉对方可能出现的各种问题和不能实现的可能性，亦即不要把话说得太绝对，以让对方事先有思想准备，一旦未能实现，不至于过分地对你失去信任。

在感到自己做不到时，你最好不要轻率地向别人许诺，这样会有许多好处：别人只能表示遗憾，并不会认为你说话不算数，因而不会产生对你的不信任感；在很多情况下，事情和形势已经变化了，你做不到也正常，没有许诺，事后你也不会因此感到窘迫。

当然，在你已经许诺了以后，你就应该认真地对待，努力地去实现它。

一个小小的承诺，比如"我今晚9点钟回家"，在你完全可以做到的情况下也决不要掉以轻心。你已许诺9点钟回家，这时你的同事邀你出去玩，时间可能要拖到10点，你该怎样做呢？你应该婉言谢绝朋友的好意相邀，按时回家。

虽然这是一件小事，但它足以让你诚实的形象光芒闪烁。

你在许诺时如果未留任何余地，那就想方设法地实现它，以后也不要寻找任何不能兑现的理由。说话未能做到，许诺未能兑现，即使你把理由说得头头是道，极为充分，人们也不会十分相信的，也许口头上暂时理解你，宽恕你，可是内心深处无疑添进了一丝不信任你的念头。若第二次、第三次仍然如此，他们再也不会谅解你，相信你了，你便失去了信誉。

如果你做不到你曾许诺过的事，就应该及时地通知对方，你真诚的歉意会使别人原谅你，同时也可避免不必要的损失。

失信于人，说话不算数，许诺不兑现，意味着你丢失了人之为人的起码品质，意味着在别人眼中你失掉了为人的信誉。

除轻诺寡信的人容易失信于人之外，好要小聪明、玩弄手腕者也大多容易失信于人。这样的人也许可以一时欺骗蒙哄某些人，可以得利于一时，可是第二次或第三次，你一旦被识破，别人就不会再相信你了。你必将得不偿失。你骗到的是一粒芝麻，丢失的是一个大西瓜。

为自己的每一个诺言负责，看似迂腐、愚笨，但其收益远大于付出。言出必行、一诺千金的良好习惯，能使你在困难的时候得到真正的帮助，会使你孤独的时候得到友情的温暖，因为你信守诺言，你的诚实可靠的形象推销了你自己，你便会在生意上、婚姻上、家庭上获得成功。从这一点上说，为诺言负责的人是一个真正的人生智者与赢家。

这并不是空话，有许多事实可以证明这一点。国内外的知名企业无不是把信誉放到第一位，受人尊敬的人无不是守信用的楷模。

用行动代替争论

麦克·史瓦拉是一位美国的电视节目主持人，他所主持的《六十分钟》

是一档人人乐道的节目。他的身上发生过这样一个故事：

在刚进入电视台的时候，他是一名新闻记者，因口齿伶俐，反应快，所以除了白天采访新闻外，晚上又报道七点半的黄金档。以他的努力和观众的良好反映，他的事业应该是可以一帆风顺的。

很不幸的是，因为麦克的为人很直率，一不小心得罪了顶头上司新闻部主管。在一次新闻部会议上，新闻部主管出其不意地宣布："麦克报道新闻的风格奇异，一般观众不易接受。为了本台的收视率着想，我宣布以后麦克不要在黄金档报道新闻，改在深夜11点报道新闻。"

这个毫无前兆的决定让大家都很吃惊，麦克也很意外。他知道自己被贬了，心里觉得很难过，但突然他想到"这也许是上天的安排，是在帮助我成长"，他的心渐渐平静下来，欣然接受新差事，并说："谢谢主管的安排，这样我可以利用六点钟下班后的时间来进修。这是我早就希望的，只是不敢提起罢了。"

此后，麦克天天下班之后就去进修，并在晚上10点左右赶回电视台准备11点的新闻。他把每一篇新闻稿都详细阅读，充分掌握新闻的来龙去脉。他的工作热诚没有因为深夜的新闻收视率较低而减退。

渐渐地，收看夜间新闻的观众愈来愈多，好评也愈来愈多。随着这些好评增加，有些观众开始责问："为什么麦克只播深夜新闻，而不播晚间黄金档的新闻？"询问的信件、电话不断，终于惊动了电视台总经理。

总经理把厚厚的信件摊在新闻部主管的面前，对他说："你这新闻主管怎么搞的？像麦克这样的人才却只派他播晚间新闻，而不是播七点半的黄金时段新闻？"

新闻部主管解释："麦克希望晚上六点下班后有进修的机会，所以不能给他排晚间黄金档，只好排在深夜的时间。"

"叫他尽快重回七点半的岗位。我下令他在黄金时段中播报新闻。"

就这样，麦克被新闻部主管"请"回黄金时段进行新闻播报。不久之后，麦克被选为最受欢迎的电视新闻记者之一。

过了一段时间，电视界掀起了益智节目的热潮，麦克获得十几家广告公司的支持，决定也开一个节目，便找新闻部主管商量。

积着满肚子怨恨的新闻部主管板着脸对麦克说："我不准你做！因为我计划要你做一个新闻评论节目。"

虽然麦克知道当时评论性的节目争论多，常常吃力不讨好，收入又低，但他仍欣然接受说："好极了！"

自然，麦克吃尽苦头，但他没说什么，仍全力以赴为新节目奔忙。节目渐渐上了轨道，有了名声，一些出名的重要人物都来参加。

总经理看好麦克的新节目，也想多与名人和要人接触。有一天，他叫来新闻部主管，对他说："以后节目的脚本由麦克直接拿来给我看！为了把握时间，由我来审核好了，有问题也好直接跟制作人商量！"

从此，麦克每周都直接与总经理讨论，许多新闻部的改革也听取了他的意见。他由冷门节目的制作人渐渐变成了热门人物。后来，麦克他获得全美著名节目的制作奖。

相信自己的实力，即使经历种种障碍，只要你坚持下去，终将获得应有的成就。

不足则夸，损人害己

文学家欧阳修从不夸耀自己的文章；书法家蔡襄不夸耀书法；棋艺高超

的吕溱不夸耀棋艺；善于饮酒的何中立不夸耀酒量；以高洁闻名的司马光不夸耀清节。这是大智若愚的处世谋略。大体来说，只有那些浅薄的人才好炫耀自己。

真正有学识的人，不会经常夸耀自己，他们谦虚谨慎，永不自满，总是孜孜不倦地去追求真理。我国春秋时期著名的思想家和教育家孔子，在当时是一位大学者。但是他从没有夸耀过自己的学问，总感到自己在学问上还没达到理想的境界。因此，他承认自己"非生而知之"，认为只有"好古，敏以求之"，才能不断地积累知识。他怕自己学到的东西被忘掉，就特别强调复习的重要性，说："学而时习之，不亦说乎！"还说："温故而知新，可以为师矣。"本来温故和知新是两回事，但他认为复习旧的知识，就会有新的提高和发现。这是孔子重要的学习经验和体会，是求知的至理名言。他还认为在学习上应当持有"知之为知之，不知为不知"的谦虚态度。他公开承认自己在田园耕植方面"不如老农""不如老圃"。他强调要"多闻阙疑""每事问"，以弥补学之不足。他还强调"三人行必有我师焉"，认为只有勇于"不耻下问"，老老实实地向群众学习，向各行的专业人才学习，才能改变"有鄙夫问于我，空空如也"的窘境。

孔子之所以不夸耀自己的学问，是因为他看到了自己的不足。不足而去夸耀自己的人，则是因为他没有看到自己的不足，以不足为足，必然自夸，这样的人永远也不会有所成就。

战国时秦国大将王龁奉秦昭王之命率军进攻赵国的长平关，由于对手是经验丰富的老将廉颇，所以秦军不能取胜。后来秦国使用离间计，使赵王撤换廉颇，以赵括代之。

赵括就是一位"不足则夸"的人物。当赵王问他能否打退秦军时，他说："秦国要派大将白起来，我要打退他，得好好地计划一番。现在他派王龁来，我打垮王龁还是不费力气的。"还说："我要带兵前去，一定能像秋风扫落叶一般，一阵风就把他稀里哗啦地扫掉。"赵括到前线以后，即把老将廉颇的一切军令全部废止，换上了自己的一套。长平关原有廉颇的军队二十多万，赵括又带来二十多万，加在一起共有四十多万，全由赵括指挥。这四十多万军队，在赵括的指挥下与秦军交战，被秦军打得落花流水，赵括自己也战死在乱军之中。赵括从小就开始学习兵书，但是只知纸上谈兵，并没有带兵打仗的实际经验，更不知道在战场上如何变通，也不了解敌人的情况。对自己的这些不足，他一点也没有看到，读了一点兵书就以为足够，与赵王说的那番话不过是夸夸其谈而已。带兵打仗本来是赵括的弱点，但他却自吹自擂，结果导致兵败，这正是"不足则夸"的一种表现。当然，我们并不反对研习兵法，研习兵法对一位军事指挥员来说是不可缺少的重要一课。但是学了兵法，不与实际结合，就夸耀自己懂得了带兵打仗，那是非常危险的，免不了要重蹈赵括的覆辙。

东汉初期，汉光武帝刘秀手下有一员大将，名叫冯异。冯异将军通晓《左氏春秋》《孙子兵法》，武艺高超，跟随刘秀南征北战，屡建奇功。他平定了河内，渑池一战又消灭了赤眉军的主力，尔后又进军关中，讨平陈仓、箕谷等地的乱事，是东汉王朝的开国功臣。但是冯异从不夸耀自己的功劳，当打了胜仗，众将坐论军功时，冯异却"独屏树下"，谦逊礼让，不计功劳大小。刘秀手下的文臣武将都交口称赞他为"大树将军"。当刘秀当着公卿大臣的面赐予他珍宝、衣服、钱帛以及评述他往日的功劳时，他说："臣闻管仲谓桓公曰：'愿君无忘射钩，臣无忘槛车'，齐国赖之。臣今亦愿国家无忘河北之事，小臣不敢忘巾车之恩。"意思是说要以历史为鉴戒，常常想着创业的艰辛，君臣同心同德，使事业永昌，光被后代。冯异有功不夸功，表明他胸有城府，谦虚谨慎，具有很高的思想修养。

现在，有的人学到了一些书本知识，并无真才实学，便在大庭广众下夸夸其谈；有的人做出一点成绩，就到处去炫耀，这就是"不足则夸"的表现。我们应当像孔子、欧阳修、司马光、冯异那样，不夸耀自己的才学和功劳，要虚怀若谷，永不满足，不断进取，努力成为一个真正有学识、有本领的人。

不要把话说得太满

1790年，在法国的一个小城，一块巨石从天而降，巨大的响声把居住在这里的人吓了一大跳。这块石头把教堂旁边房屋的屋顶砸了一个大窟窿。市民们目睹了这一切，认为这块破坏了他们宁静生活的怪石来历不明。他们以为这块石头可能还会飞上天去，为了防止它"逃走"，就给巨石凿了个洞，用铁链穿起来，然后把铁链锁在教堂门口的大圆柱上。最后市民们又通过决议，要写一封信给法国科学院，请求派科学家来研究这块怪石。市长在信上签字，证明市民们在信上所写的事属实，又派专人将信送往巴黎。

在巴黎的法国科学院里，当宣读这封来信时，人群中突然爆发出阵阵哄笑声，有的人甚至笑得前俯后仰，还有人连眼泪都笑出来了。有些科学家带着嘲笑的口气说："哈哈，那些人是最爱吹牛皮的，今天他们向我们报告天上落下巨石，过几天他们还会来报告天上又掉下五吨牛奶，外加一千块美味的带血的牛排。"在笑够了之后，他们以科学院的名义作出了决定，对小城居民的撒谎和市长的愚蠢表示遗憾，同时号召所有有科学头脑的人，不要相信这些荒诞不经的报告。

那么，究竟是谁有科学头脑，是谁更愚蠢、可笑呢？历史已给出了公正的答案。

我们在做事时讲求留有余地，在说话时也同样要留有余地，不能把话说得太满，要给一些意外事情留下空间，毕竟你的认知不可能是完美无缺的。

生活中有很多事情我们无法预料它的发展态势，有的人也不了解事情的发生背景，切不可轻易地下断言，不留余地，使自己一点回旋都没有。

有一位朋友与同事之间有了点摩擦，很不愉快，便对同事说："从今天起，我们断绝所有关系，彼此再毫无瓜葛……"这话说完还不到两个月，这位同事成了他的上司，我的朋友因讲过过重的话很尴尬，只好辞职，另谋他就。

因把话讲得太满，而给自己造成窘迫的例子到处可见。

那么，怎么样才能为自己留有余地呢？

做事方面：

（1）对别人的请托可以答应接受，但不要"保证"，应代以"我尽量""我试试看"的用词。

（2）上级交办的事当然接受，但不要说"保证没问题"，应代以"应该没问题，我全力以赴"的用词。

这是为万一自己做不到留后路，而这样回答事实上又无损你的诚意，反而更显出你的审慎，别人会因此更信赖你！即使事没有做好，也不会怪罪你。

做人方面：

（1）与人交谈，不要口出恶言，更不要轻易说出"势不两立"之类的话，以便他日如携手合作时还有"面子"。

（2）对人不要过早地下评断，像"这个人完蛋了""这个人一辈子没出息"之类属于"盖棺定论"的话最好不要说。人的一辈子很长，变化也很多，不要一下子评断"这个人前途无量"或"这个人能力高强"。

总之，办事、说话留有余地，使自己行不至于绝处，言不至于极端，有进有退措置裕如，以便日后更能机动灵活地处理事务，解决复杂多变的社会问题。同时也给别人留有余地，无论在什么情况下，不要把别人推向绝路，这样一来，事情的结果对彼此都有好处。

第八章
祸从口出，说话要谨慎

第八章 祸从口出，说话要谨慎

有个年轻英俊的猎人在森林里受了重伤，被一只善良的母熊看见了。

母熊想搭救猎人，它首先要求猎人不要伤害它们一家。在得到猎人的保证后，母熊把猎人背到自己的家里，对猎人进行了无微不至的照料。

几星期后，猎人的身体好了很多。猎人非常感谢母熊的救命之恩，临走时和母熊拥抱告别，多情而又善良的母熊在与猎人依依惜别时，在猎人的耳边细声地问他对自己的照顾是否满意。猎人说什么都好，就是有一点，母熊身上有种怪味实在让人受不了。母熊听了，就说：那么你可以在我身上砍一刀，以消除自己的不满。于是猎人便砍了母熊一刀……

一年后，这个猎人进森林又见到了这只母熊，他问它伤好了没有。母熊说：那点小伤，早就愈合了；但是，心口上有个伤，依然疼痛，恐怕永远也好不了。

一则法国谚语说："语言造成的伤害比刺刀造成的伤害更让大家感到可怕。"布雷姆夫人在其《家》一书中说："老天爷禁止我们说那些使人伤心痛肺的话，有些话语甚至比锋利的刀剑更伤人心；有些话语则使人一辈子都感到伤心痛肺。"

一言可以兴邦，一言可以乱邦，语言的威力是如此巨大。在日常生活中，正人君子有之，奸佞小人有之。一个人若不注意说话的内容、方式、对象与分寸，很容易招惹是非、授人以柄。

话在精不在多

有些人自以为口才好,话匣子一开就如黄河之水天上来,滔滔不绝。华丽的辞藻、夸张的修饰、工整的排比……一波接着一波,让人"耳不暇接"。这种人往往自我感觉良好,殊不知自己的言谈其实已经背离了说话是为了交流与沟通的本来目的。听众在"享受"其高超的语言盛宴时,忽略了他语言中要表达的内容实质。因此,单纯从语言的角度上说,他们是聪明的,不聪明能说得那么好吗?但从效用的角度来说,未免有点华而不实。

人们在交流思想、介绍情况、陈述观点、发表见解时,为了使对方能够很快了解自己的说话意图,领会要领,往往使用高度概括、十分凝练的语言,提纲挈领地把问题的本质特征表达出来,以达到一语中的、以少胜多的效果。不少领袖人物都具有这种能力,他们善于高屋建瓴地把握形势,抓住问题的症结,且能用准确精当的语言加以概括表达,其作用和影响非同一般。美国第十六任总统林肯,在一次溯江视察途中与同船的船员们握手时,有一位船员却缩着手,面对总统腼腆地说:"总统,我的手太脏了,不便与您握手。"林肯听后笑道:"把手伸过来吧,你的手是为联邦加煤弄黑的。"短短一句话,听似极为平常,却高度概括,得其要领,充满感情。

事实上,不管世事多么复杂,不管产生多么深奥的思想,说到底,就是那么一点或几点经过概括和抽象了的认识。而这些是精华,是核心,是本质,只要抓住它,就能提纲挈领,一通百通,产生"片言以居要,一目能传神"的效果。恩格斯曾说:"言简意赅的句子,一经了解,就能牢牢记住,变成口号。"

简洁的语言一般都很通俗明快,如果追求辞藻的华丽、句式的工整,则必然显得拖沓冗长。1936 年 10 月 19 日,邹韬奋先生在公祭鲁迅先生大会上,只作了一句话的演讲:"今天天色不早,我愿用一句话来纪念先生:许多人是不战而屈,鲁迅先生是战而不屈。"可谓简洁之中见通俗,通俗之中显真情。

要使自己的语言简洁洗练,就要使自己的语言"少而准""简而丰",重要的是要培养自己分析问题的能力,要学会透过事物的表面现象,把握事物的本质特征,并善于综合概括。在这个基础上形成的交流语言,才能准确、精辟,有力度,有魅力。同时还应尽可能多地掌握一些词汇。福楼拜曾告诫人们:任何事物都只用一个名词来称呼,只用一个动词来标志它的动作,只用一个形容词来形容它。如果讲话者词汇贫乏,说话时即使搜肠刮肚,也绝不会有精彩的谈吐。此外,会"删繁就简"也是培养说话简洁明快的一种有效方法,古代有一首"制鼓歌",原文 16 个字:"紧蒙鼓皮,密钉钉子,天晴落雨,一样声音。"够言简意赅的了吧?

需要一提的是,简洁绝非为简而简,而是以简代精。简洁要从实际效果出发,简得适当,恰到好处。否则,硬是掐头去尾,只能挂一漏万,得不偿失。任何事物都具有两重性,简短的语言有时很难将相当复杂的思想感情十分清晰地表达出来。与人交往,过简的语言则有碍于相互间的了解,有碍心灵的沟通。同时,简短也是相对的,不是绝对的。邹韬奋先生在公祭鲁迅先生的大会上只讲了一句话,短得无法再短,而恩格斯在马克思墓前的演说长达 15 分钟,却也是世所公认的短小精悍的演讲。总之,简短应以精当为前提,该繁则繁,能简则简。

学会运用外交辞令

年轻人大都心直口快,不善外交辞令,他们认为外交辞令是政治家的事,在日常生活和工作中用外交辞令没有必要。事实上,外交辞令在任何场合都大有用处。

外交辞令是运用不确定的或不精确的语言进行交际的一种语言表达方式,在公关语言中运用适当的外交辞令,是一种必不可少的大智若愚。外交辞令主要表现在语言的含糊上。

某经理在给员工做报告时说:"我们企业内绝大多数的青年是好学、要求上进的。"这里的"绝大多数"是一个尽量接近被反映对象的模糊判断,是主观对客观的一种认识,而这种认识往往带来很大的模糊性,因此,用含糊语言"绝大多数"比用精确的数字的适应性强。即使在严肃的对外关系中,很多时候也需要含糊语言,如"由于众所周知的原因""不受欢迎的人",等等。究竟是什么原因,为什么不受欢迎,其具体内容,不受欢迎的程度,均是模糊的。

平时,你要求别人到办公室找一个他所不认识的人,你只需要用模糊语言说明那个人矮个儿、瘦瘦的、高鼻梁、大耳朵,便不难找到了。倘若你具体地说出他的身高、腰围精确尺寸,倒反而很难找到这个人了。因此,人们在办事说话时应谨慎对待这样一种观念:"准确"总是好的。

1. 宽泛式外交辞令

宽泛式外交辞令,是用含义宽泛、富有弹性的语言传递主要信息的方法。

例如:现代文学大师钱钟书先生是个耐得住寂寞的人,居家读书,闭门谢客，最怕被人宣传，尤其不愿在报刊、电视中扬名露面。他的《围城》再版以来，拍成了电视，在国内外引起轰动，不少新闻机构的记者都想约见采访他，均被钱老谢绝了。一天，一位英国女士好不容易打通了钱老家的电话，恳请让她登门拜见。钱老一再婉言谢绝没有效果，他就对英国女士说："假如你吃了一个鸡蛋，觉得不错，何必要认识那个下蛋的母鸡呢？"洋女士只好放弃了采访的打算。

钱先生的回话，虽是借喻，但从语言效果上看，却是达到了"一石三鸟"的奇效：其一，是属于语义宽泛、富有弹性的模糊语言，给听话人以寻思悟理的伸缩余地；其二，在与外宾女士交际中不宜直接明拒，采用宽泛含蓄的语言，显得有礼有节；其三，更反映了钱先生超脱盛名之累、自比"母鸡"的这种谦逊淳朴的人格之美。一言既出，不仅无懈可击，而且又引人领悟话语中的深意。

2. 回避式外交辞令

回避式外交辞令，是根据某种场合的需要，巧妙地避开确指性内容的方法。

在涉外接待活动时，每当与外宾交谈会话中遇到"难点"，可以巧妙回避转移。

1962年，中国在自己的领空击落美国高空侦察机后，在记者招待会上，有记者突然问外交部部长陈毅："请问中国是用什么武器打下U-2型高空侦察机的？"这个问题涉及国家机密，当然不能说，更不能乱说，但对记者的提问又不能不答。于是，陈毅来了个闪避：我们是用竹竿把它捅下来的！用竹竿当然不可能捅下来，但大家都心照不宣，哈哈大笑一阵便罢了。

自我调侃，摆脱尴尬

所谓"自嘲"，就是运用嘲讽语言和口气，戏弄、贬低或嘲笑自己，以打破某种僵持的局面，达到活跃气氛或解脱自己的效果。

满奋是晋朝的一个大臣，一次陪同晋武帝，坐在靠近窗的地方。满奋生性怕风，而窗是用琉璃制成的，虽然琉璃的质地很密，根本不透风，但看起来却是一点不挡风的样子。满奋有点"杯弓蛇影""谈虎色变"，很怕被北风吹着了，但又不好启口换个座位，显得如坐针毡，局促不安。

晋武帝看他的神态，知道他是怕风，便告诉他窗不会透风，没有关系。满奋当着皇帝的面很不好意思，自嘲说："臣就像南方的水牛，怕热怕惯了，看见月亮也疑心是太阳，不由得喘起粗气。"这便是成语"吴牛喘月"的出处。

满奋以水牛比作自己，把自己的过分紧张形容得淋漓尽致，夸张化、形象化，取得了幽默效果，表现了坦诚忠实的品格，因此得到了对方的信赖和好感。

王慈是王僧虔的儿子，父子俩的书法都很好，在南齐时都很知名。谢凤曾问王慈："你的书法是不是可以赶上虔公？"

王慈回答："我赶不上，就好比鸡永远比不上凤一样。"

王慈把自己比作鸡，把父亲比作凤，一个在土堆中觅食，一个飞翔九天之外，高下优劣，显然可知。他贬低了自己，却褒扬了父亲，表现了对父亲的敬佩与崇敬之情，也说明了他的谦虚谨慎。

善于自嘲的人，往往是一个富有智慧和情趣的人，也是一个勇敢和坦诚的人，更是一个内智外愚的人。

美国前总统罗斯福有一次家中被盗，家里值钱的东西都被洗劫一空。罗斯福的朋友知道后都安慰他，让他不要太在意。谁知罗斯福给他的朋友解释说："亲爱的朋友，谢谢你的安慰，我现在很平安。感谢上帝，因为：第一，贼偷走的是我的东西，而没有伤害我的生命；第二，贼只偷去了我的部分东西，而不是全部；第三，最值得庆幸的是，做贼的是他而不是我。"

人生不如意之事常有八九。面对凄风苦雨的侵袭，于恶劣的环境之中，对待生活就应该有一颗感恩而知足的心。

自嘲是一种鲜活的态度，它可以使原本很沉重的东西刹那间变得轻松无比，会让别人砸过来的重拳如落在棉花上，无处着力。将自嘲作为一种符号和痕迹伴随着生活而不断延伸，暂不论其他，这份肚量及内功就不可小觑。

在日常工作与生活中，懂得自嘲的人，他们所得到的并不只是笑声，更赢得尊敬和由衷的友谊。

一位叫美琪的朋友，被顽皮男同事调侃为"小美冰激凌"，但她不以为意，还接口道："对啊！营养丰富、味道好！谢谢你的赞美。"还有一个外号叫"宝哥"的人，非常爱耍宝，是朋友的开心果，喜欢调侃人，但没有人会生他的气，因为他总是把看上去最不好的那个角色留给自己，逗大家开心一笑。

自嘲表面看来虽然自己有点吃亏，但实际上却轻易地建立起亲和的形象来，周围的朋友会觉得你轻松、自在，是个"开得起玩笑"的人，因而乐于靠近你。

自嘲是一种智慧。生活有时总不那么令人满意，如果我们一味地去追求完美，也许会患得患失，少了做人的乐趣。但是，要是我们换一种方式来对待生活，自己给自己一点安慰，以感恩的心情来生活，也许我们会快乐得多。

会说的不如会听的

人有两只耳朵一张嘴，就是为了听和说。不重视、不善于倾听就是不重视、不善于交流，而交流的一半就是用心倾听对方的谈话。不管你的口才有多好，你的话有多精彩，都要注意听听别人说些什么，看看别人有些什么反应。俗话说得好："会说的不如会听的。"也就是说：只有会听，才能真正会说；只有会听，才能更好地了解对方，促成有效的交流。尤其是和有真才实学的人一起交谈更要多听，不仅要多听，还要会听。所谓"听君一席话，胜读十年书"，大概也正是这个意思吧。

那么，是不是我们什么都不说，只一味地去听呢？当然不是。假如一句话都不说，别人即使不认为你是哑巴，也会认为你对谈话一点兴趣都没有，反应冷漠。这样会使对方觉得尴尬、扫兴，不愿再说下去。到底多说好，还是少说好呢？这要看交谈的内容和需要了。如果你的话有用，对方也感兴趣，当然可以多说；倘若你的话没有什么实质内容和作用，还是少说为佳。即使你对某个话题颇有兴趣和见解，也不要滔滔不绝，没完没了，更不要打断别人，抢话争讲，因为那样会招致对方厌烦，甚至破坏整个谈话气氛。

听话也有诀窍。当某人讲话时，有的人目光游离，心不在焉，给人一种轻视谈话者的感觉，让对方觉得你对他不满意，不愿再听下去，这样肯定会妨碍正常有效的交流。当然，所谓注意听也不是死盯着讲话者，而是适当地注视和有所表示。

只要将人际关系融洽的人和人际关系僵硬的人进行比较，就会明白，越是善于倾听他人意见的人，人际关系就越理想。就是因为，聆听是褒奖对方谈话的一种方式。

如何学会聆听？以下提几点建议。

1. 保持耳朵的畅通

在与人交谈时，尽量使对方谈他所感兴趣的事，并用鼓励性的话语或手势让对方说下去，并不时地在不紧要处说一两句赞叹的话，对方会认为你很尊重他。

2. 全心全意地聆听

轻敲手指或频频用脚打拍子，这些动作是会伤害对方自尊心的。与人交谈时，眼睛要看着对方的脸，但不要长时间地盯住对方的眼睛，因为这样会使对方产生厌恶的情绪。只要你全神贯注，放松地坐着，对方不用音量大，你也可以一字不差地听进耳朵里。

3. 协助对方把话说下去

协助对方把话说下去很重要，因为别人说了一大通以后，如果得不到你的呼应，尽管你在认真地听，对方也会认为你心不在焉。

在对方话语的不紧要处，不妨用一些很短的话语以表示你在认真地倾听，诸如："真的吗？""太好了！""告诉我是怎么回事？""后来呢？"这些话语会使对方兴趣倍增。

假如你和一个老朋友在一起吃饭，他说他前几天跟上司吵了一架，这几天气闷得很。如果你对他说："到底是怎么回事，说说吧。"他会对你说很多，他有了叙述苦闷的机会，心情便好受多了，自然你们的友情也会更加深一层。

4. 不要打断

在别人讲话的时候，如果你自作聪明，用不相干的话把别人的话头打断，这会引起对方的愤怒的。

5. 要学会听出言外之意

通常，除说话以外，一个眼色，一个表情，一个动作都能在特定的语境中表达明确的意思。就是同一句话，也可以听出其弦外之音、言外之意。

6. 用心听，要听全面

加州大学精神病学家谢佩利医生说，向你所关心的人表示你可能不赞成他们的行为，但欣赏他们的为人，这一点很重要。仔细聆听能帮助你做到这一点。认真听，并且要听全面的而不是支离破碎的话语，否则你会妄加评说，影响沟通。

聆听可以让我们在尊重他人的基础上，做到最大限度了解他人，隐藏自己。何乐而不为呢？

进"忠言"的技巧

有时候，你对家人、对朋友，觉得有些话不得不说，可要是说了，却又担心伤感情，怕把事情弄糟了。这时该怎么办？

俗话说"良药苦口利于病，忠言逆耳利于行"；其实，有时候良药未必苦口，忠言也未必逆耳。把良药弄成苦口，以致患者怕吃，是医学不发达时代的现象；把忠言弄成逆耳，以致使犯错误的人不能接受，是说话的人之过。

人人都有这种经历，我们并不是不愿意听别人批评，也不是不能接受批评。有时，我们还真希望有人来指点指点，我们看书请教别人，我们做了事情、说了话、写了文章、自己不会或不敢下判断，这时候我们何尝不希望有人能出来告诉我们哪点好，哪点坏。有的时候，我们因为别人能够忠实地、大胆地指出我们许多错误而对他感激涕零。只是，有些批评我们听了却觉得难受、委屈和气愤,感到自尊心、自信心都大受打击。

同样是批评,为什么会产生两种效果呢?关键在于别人对我们的同情与了解的程度深刻与否。我们始终欢迎的是那些了解和非常同情我们的人,对我们进行坦诚而又充满热忱的批评。

毫无疑问,苦口的良药和不苦口的良药放在一起,大多数人都会选择不苦口的良药。同理,逆耳的忠言和悦耳的忠言比较起来,悦耳的忠言也许永远占上风。

如今,医学越来越发达,大部分苦口的良药渐渐被淘汰了,虽然有些良药仍然是苦的,但在苦口的良药外面,大多加了一层"糖衣"。而我们的逆耳忠言外面,一样也需要加一层"糖衣"。

1. 语气缓和,态度和善

说到底,忠告是为了对方好,为对方好是根本出发点。因此,要让对方明白你的一番好意,就必须注意自己的语气和态度,不可疏忽大意,随便草率。此外,讲话时态度一定要谦和诚恳,用语不能激烈,也不必过于委婉,否则对方就会产生你教训他、你假惺惺的反感情绪。

2. 选择适当的场合和时机

例如,当部下尽了最大努力而事情最终没有办好时,此时最好不要指责他。如果你这时不适宜地说"如果不那样就不至于这么糟了"之类的话,即使你指出了问题的要害且很在理,而部下心里却会顿生"你只管我干活不管我的死活"的反感,效果当然就不会好了。相反,如果此时你能说几句"辛苦你了""你已做了最大的努力""这事的确比较难办"之类的安慰话,然后再与部下一起分析失败的原因,最终部下是会欣然接受你的忠告的。

此外,在什么场合提出忠告也很重要。原则上讲,提出忠告时,最好以一对一,避开他人,尽量不要当着他人的面向对方提出忠告。因为这样做,对方就会受自尊心驱使而产生抵触情绪。

3. 不要贬低对方

忠告的第三个要素，就是不要以事与事、人与人比较的方式提出忠告。因为此时的比较，往往是拿别人的长比对方的短，这样很容易伤害对方的自尊心。

例如，一位母亲这么忠告自己的儿子："我说小明呀，你看隔壁家的小路多有礼貌，多乖啊！你和他同年生，可你还比他大两个月哩，你要好好向他学习，做个好孩子哟！"

儿子可能会说："哼，嘴里整天是小路这也好那也好，干脆让他做你的亲儿子算了！"

儿子的自尊心受到伤害，母亲的忠告是适得其反的。

再如，丈夫对不整洁的妻子提出了忠告："我说，你看李太太哪天不是整整齐齐的，而你总是不注意形象，你就不能学学人家吗？"

妻子往往会反击："学学人家？你的收入有人家丈夫多吗？你有了钱，难道我还不会打扮？"

虽然妻子明明知道自己的弱点，但出于自尊心，她没好气地怼丈夫，丈夫的忠告失败了。

怎样说"不"，别人才乐于听

世界著名影星索菲娅·罗兰在自传《生活与爱情》中，记录了卓别林对自己说的一段话："你必须克服一个缺点。如果你想成为一个生活异常美满的女人，你必须学会一件事，也许是生活中最重要的一课，必须学会说'不。

你不会说'不',索菲娅,这是个严重缺点。我很难说出口,但我一旦学会说'不',生活就变得好过多了。"卓别林的意图是告诫人们要树立一种严肃的、独立自主的生活态度。

生活中有不少人,不认识"不"字的伟大,遇事优柔寡断,畏首畏尾,结果常使自己处于被动地位,听命于人。这些人心里都知道不要什么、不能怎样和为什么不要、为什么不可能,可就是学不会说"不",于是简单的"不"字,只在嗓子眼里打滚,怎么也跳不出来,这真是人生的一大憾事。

敷衍式的拒绝是最常见的一种拒绝方法,敷衍是在不便明言回绝的情况下,含糊回避请托人。敷衍是一种艺术,运用好了会取得良好的效果。如:有一次庄子向监河侯借贷,监河侯敷衍他,说道:"好!再过一段时间,等我去收租,收齐了,就借你三百金。"监河侯的敷衍很有水平,不说不借,也不说马上借,而是说过一段时间收租后再借。这话有几层意思:一是我目前没有,现在不能借给你;二是我也不是富人;三是过一段时间不是一定借,到时借不借再说。庄子听后已经很明白了,但他不会怨恨什么,因为监河侯并没有说不借给,只是过一段时间再说而已,还是有希望的。

敷衍式的拒绝具体可分为以下几种:

(1)推托其辞。在不便明言相拒的时候,推托其辞是一种比较有策略的办法。人处在一个大的社会背景中,互相制约的因素很多,为什么不选择一个盾牌挡一挡呢?如:有人托你办事,假如你是领导成员之一,你可以说,我们单位是集体领导,你的事需要大家讨论,才能决定。不过,这件事恐怕很难通过,最好还是别抱什么希望,如果你实在要坚持的话,待大家讨论后再说,我个人说了不算数。这就是推托其辞,把矛盾引向了另外的地方,意思是我不是不给你办,而是我办不了。听者听到这样的话,一般都要打退堂鼓,会说:"那好吧,既然是这样,我也不难为你了,以后再说吧!"

（2）答非所问。答非所问是装糊涂，给请托者以暗示。

如："此事您能不能帮忙？"

"我明天必须去参加会议。"

答非所问，婉拒了对方，对方从你的话语中感受到，他的请托得不到你的帮助，只好采取别的办法。

（3）含糊拒绝法。

如："今晚我请客，请务必光临。"

"今天恐怕不行，下次一定来。"

下次是什么时候，并没有说定，实际上给对方的是一个含糊不定的概念。对方若是聪明人，一定会听出其中的意思，而不会强人所难了。

沉默也是一种表达方式

有一天，有个穷苦的人骑着马到外面去。中午时，他感到又饥又渴，于是，他就把马拴在一棵树上，然后到饭店坐下来吃饭。这时候，一个有钱有势的人也骑马来到这个地方，他把马也拴在这棵树上。

穷人见了，叫道："请你不要把马拴在那儿，我的马没有驯服，它会把你的马踢死的！"

但是那个富人却说："我愿意把我的马拴在哪里就拴在哪里，你管不着。"

富人拴好马，坐下来，开始吃午饭。不一会，就听到马在嘶叫，两人向马奔去，但是迟了，富人的马已被踢死了。

富人气得暴跳如雷，大声喝道："看，你的马做的好事！你要赔我马！"

他把穷人拉去见法官。法官听了富人的控告，问穷人："你的马真踢死他的马了吗？"穷人这时却一字不答。法官又对穷人提了许多问题，穷人还是一字不答，法官只好叹道："这有什么法子呢？他是一个哑巴，不会说话。"

富人叫道："啊！他跟我们一样会讲话的呀！"

法官惊讶道："真的吗？他说什么啦？"

富人道："当然是真的！他告诉过我：'请你不要把马拴在那儿，我的马没有驯服，它会把你的马踢死的！'"

法官听了，说道："哦，这样说来就是你无理了，他事先已经警告过你。因此，他不该赔偿你的马。"

法官问穷人，为什么自己不把这个情况说出来。

穷人回答道："之前之所以不回答问话，是想让他自己把事情的经过讲出来，这样，不是更容易弄清楚谁是谁非吗？"

古希腊有一句民谚说："聪明的人，借助经验说话；而更聪明的人，根据经验不说话。"有些时候，不说话反而更有力量，表达的意思胜过用言语说出来的意思。

美国发明家托马斯·爱迪生，早年对技术发明的商业价值以及专利技术的含金量知之不多。一次，某公司欲出资购买他的一项专利。爱迪生的心理价位是1000美元，而他的家人坚持要开价2000美元。正式谈判日，对方向爱迪生询价。爱迪生正为按照自己心理价位开价还是按照家人坚持的价位开价犹豫不决，一时无语。对方误以为爱迪生要价很高而一时羞于启齿，便主动报价："10万美元如何？"爱迪生毫无思想准备，以为听错了，一时还是没有说话。对方见状还以为爱迪生仍不满意，再次提高价位："20万美元总可以了吧？""当然当然！"爱迪生短暂的沉默换来了意料之外的收益。

虽然爱迪生的沉默不语并不是对对方开出的价钱不满意，但是却因此取得了意外的收获。这个故事告诉我们，关键时候的沉默往往是最好的表达。

在我们身边，经常会有这样的人，他们喜欢多说话，总是喜欢显示自己，好像他博古通今似的。这样的人，以为别人会很信服他们，其实，只要有一定社会阅历的人，都会不以为然。更聪明的人，或者说智慧的人，往往会根据自己的经验，知道自己要是多说，必然会说得多错得也就多，所以不到需要时，总是少说或者不说。当然，如果只是泛泛之交，那么随便聊聊也没有什么不可以的。可是，你要是把对方当作一个坦诚的朋友来对待，并要进行深交的话，那就不要什么都谈，否则会给你带来很多人际关系上的烦恼。

有时候，我们用言语来表达自己的思想，但有时候，我们用沉默也可以表达自己的思想。

言辞谨慎节制

"病从口入，祸从口出。"这是一句人尽皆知的老话了。

人的祸患很多时候都是由嘴巴造成的。人们在口无遮拦地说话的过程中要么得罪了人，要么是让别人看不起自己。遵从愚道的人往往会控制好自己的嘴巴，不会口无遮拦。

口无遮拦是个大毛病，很多人为了图一时口快，往往将不该说的话说了出来。有些人往往会说：哪些该说，哪些不该说，其实我也不知道。嘴快的人还会说："谁说我不知道，不就是……"说到这里他自己就会后悔。这些口无遮拦的人往往是没有心机的，而且对别人戒备心也不是太强，往往有些喜欢争强斗胜。有些人往往利用激将法来获取这些人的秘密。其实自己应该反思一下，把不该说的话说出来不过是一时口快，但是说出来以后，自己却要背负沉重的心理负担。既然这样，在一开始就应该有很强烈的出言谨慎的意识。

在我们身边，说话尖酸刻薄的人并不少见。这类人中甚至有的人其实是"豆腐心"，只是管不住自己的嘴，让"刀子"从嘴里一把一把地飞出来。为什么要字字句句直逼对方的要害呢？是为了突出自己的伶牙俐齿，还是为了显示自己的权威？

尖酸刻薄的话，伤在人的心上，是看不见的暗伤。看得见的明伤好治疗，看不见的暗伤难痊愈。嘴上损人只需一句话，别人记恨或许是一辈子。一个尖酸刻薄、处处树敌、遭人记恨的人，我们很难想象他会与成功和幸福有缘。

此外，还有些人喜欢在他人面前展示自己的"才华"，于是便喜欢上了抬杠，凡事都要与他人争个高低，分个胜负，目的是让别人知道自己的智慧有多高，显示自己是个多么有想法、有创意的人。

这种人只要一搭上话题，马上针锋相对，不管别人说什么，他们总要予以反驳。当你说"是"时，他们一定要说"否"；当你说"否"的时候，他们又说"是"。总之，事事都要出风头，时时都想显示自己。实际上，这样的人并不一定才华横溢，很可能是胸无点墨、脑袋空空、没有主见的人。

与人抬杠争风的做法，并不是智者所为。凡事都想抢占上风的人，在与人抬杠时，总摆出一副不把别人逼进死胡同誓不罢休的架势，他们的下场往往并不美好。

喜欢抬杠的人，不知道你们有没有想过，你与人抬杠时，自己的虚荣心得到了满足，但别人会是怎样的感受呢？喜欢抬杠的人大都没有意识到这一点。

生活中，与人抬杠争风的人，在别人眼里只是个跳梁小丑，难成什么大器。在工作中，这种不良习惯也会使你与同事产生隔阂，没人愿意给你提好的意见或建议。心地不坏的你，一旦不幸养成了抬杠的坏毛病，朋友、同事都将远离你。

那么如何才能做一个不与人抬杠的聪明人呢？其实方法很简单。

如果你与别人只是闲谈，要明白对方根本不是来听你说教的，只是想随便聊聊罢了。倘若这时你自作聪明，一定要拿出自己对话题的"高见"与对方抬死杠，相信任何人都不会接受的。所以，你千万不能时刻摆出教训人的架势与他人抬杠，即使他人的看法是错误的也不要较真，确定大家只是娱乐一下，你一笑了之即可。

抬杠争风伤人又不利己，因此在他人面前不要显摆自己，应该虚心请教他人的意见、建议，将人长处为己所用，完善自己的看法，如此一来，既尊重了别人，又充实了自己，可谓一举两得。

那些强者在说话方面也如同在其他事情方面一样，总是注意自我克制，总是避免心直口快、尖酸刻薄，绝不以伤人感情为代价而逞一时口舌之快。比如，在工作中看到别人干活不好时，他不会在旁边指手画脚、说三道四，更不会把别人攮走，显示他的才干，而是很客气地说："我试试看怎么样？"这样说了，即使在接下来的工作中干不好也不会丢面子；如果干得好，即使别人嘴里不说，心里也会佩服他。尤其是他没伤别人的面子，又替别人干好了活儿，别人于是从心底里认为这个人"够意思"，做人稳重，扎实，又有真本事。

说话有分寸，则让人高兴；说话无遮拦，只会让人伤心。同一个意思出自两个人之口，听起来也有区别。你自己信口开河，根本意识不到会伤害他人，但别人认为你是有意的，俗话说"口乃心之门"，你明显是故意伤害他。良言一句三冬暖，恶语几字六月寒。某高僧在给其弟子的一封信中写道："祸从口出而使人身败名裂，福从心出而使人生色增光。"有时说话的人并无恶意，但对听者而言，却可能是伤及其自尊心的恶语，所以劝世人，说话应谨慎，只说该说的话。

马克·吐温曾说,我可以靠别人对我说的一句好话,快活上两个月——这是极有意思的。其实,你我又何尝不是如此呢?既然我们的一句好话,就可能暖人心田,赢得人心,那么我们何不一试呢?须知,这也是在帮助我们自己啊!

弥补言语失误有方法

俗话说:"人有失足,马有失蹄"。在交际过程中,无论何人都可能发生言语失误。虽然原因有别,但它造成的后果却是相似的;或贻笑大方,或纠纷四起,甚至不可收拾。

那么,能不能采取一定的补救措施或者矫正之术,去避免言语失误带来的难堪局面呢?答案是肯定的。下面我们将介绍几种常见的弥补方法。

1. 坦率道歉

说错了话,坦率道歉是一种美德。对待言语失误,有时公开道歉比犹抱琵琶半遮面的掩饰来得高明。

2. 借题发挥

据说,司马昭与阮籍有一次同上早朝,忽然有侍者前来报告:

"有人杀死了母亲!"

放荡不羁的阮籍不假思索便说:

"杀父亲也就罢了,怎么能杀母亲呢?"

此言一出,满朝文武大哗,认为他"有悖孝道"。阮籍也意识到自己言语的失误,忙解释说:

"我的意思是说,禽兽才知其母而不知其父。杀父就如同禽兽一般,杀母呢？就连禽兽也不如了。"

一席话，竟使众人无可辩驳，阮籍也避免了遭众人谴责的麻烦。其实，阮籍在失口之后，只是使用了一个比喻，就暗中更换了题旨，然后借题发挥一番，巧妙地平息了众怒。

在现实生活中，借题发挥也大有用武之地。在一次智力竞赛中，主持人问："三纲五常中的'三纲'指的是什么？"一名女生抢答道："臣为君纲，子为父纲，妻为夫纲。"恰好颠倒了三者关系，引起哄堂大笑。当这名女生意识到答错后，她将错就错，立刻大声说道："笑什么，解放这么多年了，封建的旧'三纲'早已不存在，我说的是新'三纲'。"主持人问："什么叫新'三纲'？"她说："现在我国是人民当家作主，上级要为下级服务，领导者是人民的公仆，岂不是臣为君纲？当前独生子女是父母的小皇帝，家里大小事都依着他，岂不是子为父纲？在许多家庭中，妻子的权力远超过了丈夫，'妻管严'比比皆是，岂不是妻为夫纲吗？"她的话音一落，场上掌声四起。大家为她的言论创新叫绝，为她的应变能力叫好。

3. 口误及时补救

在实践中，遇到口误这种情况，有两个补救办法可供参考：

移植法：把错话移植到他人头上。比如说："这是某些人的观点，我认为正确的说法应该是……"这就把自己已出口的某句错误纠正过来了。对方虽仍然有感觉是你说错了，但是无法确定，加上你的移植巧妙，他自然相信。

引开法：迅速将错误言词引开，避免在错误中纠缠。就是接着那句错话之后说："然而正确说法应是……"或者说"我对刚才那句话做如下补充……"，这样就可将错话引开。

第九章
以柔克刚，处世妙方

《韩非子》中曾讲过这样的故事：

有一位官吏被任命为一城之长，为了使这个城市的政治安定，人民安乐，他夜以继日地操劳政事，结果形销骨立，日益消瘦。友人见状不禁惊叹道：

"老兄，你怎么会瘦成这样子！"

"治理政事，实在劳心劳力，怎能不瘦？"

友人听了哈哈大笑起来：

"过去，舜天子焚香弹琴治理天下，就使天下安和，百姓乐业。而你如今只为一城之政事，就辛劳操劳若此，若请你去治理天下，又当如何呢？"

不懂得无为而治者，难免和这位官吏一样，忙得焦头烂额。

要做到自己无为，而让部下有为，这才是懂得管理之道的人。这里的关键是要选择和任用好部下，并发挥他们的作用。从这个角度来看，上司的无为也并非完全地无所作为。

老子崇尚无为，主张顺从自然而变化。他认为，无为才合乎天道，才是唯一至乐活身的道。

以有为用，是小用，是有限的作用。以无为用，是大用，是无限的作用。是以大道无形无象，无声无息，却能有无穷的力量。

治国应如烹鲜

老子说:"治大国,若烹小鲜。"

"小鲜"即小鱼。烹饪小鱼不能随意折腾翻动,否则就要破碎销形。治理大国和烹小鱼一样,要清静无为,不能政令繁苛。因为一旦人民不堪其扰,国家就要混乱一片了。

就是说,治理国家要实行无为政治,尽量减少政令颁布,但一旦颁布,就要严格执行,不可朝令夕改;在组织管理上,与民休息,不要使民众的安乐生活遭受破坏。

对此,老子说过:

"民之饥,以其上食税之多,是以饥。民之难治,以其上之有为,是以难治。民之轻死,以其上求生之厚,是以轻死。夫唯无以生为者,是贤于贵生。"

人民所以饥饿,是因为在上位的聚敛太多,弄得他们不能自给;人民所以难治,是因为在上位的多事妄作,政令苛刻,弄得他们无所适从;人民所以轻死,是因为在上位的自奉过奢,弄得他们不堪需索。因此,在上位者要恬淡无欲,清静无为,要比贵重厚养,以苛政压榨人民,好得多了。

依据这一思想,老子把为政者分为四个等级。

"太上,不知有之;其次,亲而誉之;其次,畏之;其次,侮之。信不足焉,有不信焉。悠兮,其贵言。功成事遂,百姓皆谓'我自然'。"

最上等的君主治理天下,居无为之事,行不言之教,人民各顺其性,各安其生,所以人民都不知道君主的存在;次一等的君主,以德教化民众,以仁义治理民众,所以人民都亲近他,赞誉他;再次一等的君主,以政教治民,以刑法威民，所以人民都畏惧他；最末一等的君主，以权术愚弄人民，以诡诈欺骗人民，所以人民都不服从他。末一等君主本身诚信不足，人民当然也不信任他。而最上等的国君却是悠闲无为，不轻易发号施令，然而人民都能够各遂其生，得到最大的益处。

老子在这里提出的这种国君的为政之道，实也是给我们指出了四种管理方法。第一种是无为管理，第二种是仁德管理，第三种是有为的高压管理，第四种则是运用权术的诡诈管理。无为管理是老子所代表的道家的管理思想，仁德管理则是儒家管理思想的核心，有为的高压管理是西方的所谓对物不对人的"科学"管理，运用权术的诡诈管理则是那些有才无德的小人所最爱使用的管理方式。

应该说，这四种管理方式在现代社会管理中都存在着。在大工业革命的初期，西方资本主义的管理方式主要是上述的第三种管理方式，然而这种高压式的管理，由于对员工采取指导、训斥、惩罚等手段，从而使员工的积极性受到挫伤，也影响到企业的效益和发展。到了21世纪的今天，这种旧的管理方式正被一种更合乎人性的管理方式所取代，即以企业文化为核心的新的管理方式所取代。这种管理方式十分接近于儒家的仁德管理的思想，尽管有一定的差别之处。然而，无为管理，尽管在老子那里被视为一种最上乘的管理方式，却并未能获得现代社会的普遍认可。虽然如此，无为管理的方式，仍在不同场合、不同程度地被现代管理者所采用，这也证明了这种管理方式的生命力。

老子是把无为而治作为一种政治思想和管理方式而提出的，也许正因为它是一种理想，是一种至上完善的理想，所以才不那么容易被普遍认可和采用。然而也正因为它是一种理想，所以我们可以肯定地说，它将给现代管理带来福祉和希望。

无为乃顺应自然之理，因为无为，免除了得失之心和俗世的羁绊，所以也就无所不为。

急于求成，欲速不达

无为而治，是道家所推崇的政治理想。它要求在上位者遵循天地的运行规则，采用无所作为的态度去治理国家。

庄子在《天道篇》中说：

"虚静恬淡、寂寞无为，是天地的水平仪、道德的最高峰，所以帝王、圣人都生活在这个境界里。生活在这里心就虚旷，虚旷才是真正的充实，充实就是合理；虚旷才能行动，行动就有收获；安静就会无为，无为就悠悠自在，悠悠自在，忧患就不放在心上，寿命就会长久。虚静恬淡、寂寞无为，是万物的根本。"

庄子接着又说：

"帝王的德性，宗奉天地之道，以道德为基础准则，把无为作为不变的行为规范。无为，支配整个天下还有余暇；有为，劳碌终日还忙不过来。所以古人非常贵重无为……古代在天下称王的人，辩才虽能驳倒一切，自己却并不动口；才能虽然治理四海，却不亲自做事。"

庄子所阐述的这种政治理想，无论是在古代的政治生活中，还是在现代的管理中，都证明是十分有效的。在上位者无须事无巨细一概全管，只需执其要术，抓其大纲，垂拱而治，而让部下充分发挥其才干。这已是被人们所广为接受的领导和管理方法。

作为一种政治理想，无为而治在历史上只有汉初实行过。尤其是汉初宰相曹参那里,这种领导艺术更被发挥得淋漓尽致,曹参也因此成为无为而治型领导者中的典型。

曹参原是刘邦的同乡,随刘邦起兵后,虽然投笔从戎,身经百战,到了晚年,却专修黄老之术,讲清静无为之道。平时与人无忤,与世无争,生活非常恬淡。萧何去世前,推荐了曹参作相国。没想到曹参当上相国后,政清刑简,在朝中无所事事,就终日在相府中饮酒作乐。有些好事的人,看曹参不理政事,便来谒见,想要有所陈说。曹参就先将来人请入酒宴中,殷勤劝酒,灌得酩酊大醉,扶出门去,让他没有开口的机会。

相府后面是一座花园,紧靠着花园的后围墙,就是一所官家宿舍,住在宿舍的官员,终日饮酒叫嚣,吵闹不堪,有些人不胜其扰,很想报告相国。一次陪同曹参游园,正好听到喧哗之声,他们就乘机报告说这些官员平日生活如何放纵,不守官箴,请求相国整饬。曹参听说,即着人将那些好饮酒取闹的官员们唤来,并不申斥反而大摆酒宴,和他们一起纵酒吆喝,尽情欢乐,也不顾身份体面,弄得那些告发的人们,啼笑皆非。曹参发现部下有小过失,只要不伤大体的,总是设法为之掩盖。这样一来,朝廷上下,倒也相安无事。

年轻的孝惠帝看到曹参不甚问事,以为他仗着是先帝高祖的宠臣,不把自己放在眼里,就着实有些不快。一天,特地召他到宫中,严加指责。曹参摘下冠帽,叩头谢罪说:

"陛下请平心静气地想想,您比高祖皇帝圣明英武吗?"

"朕怎敢和先帝比呢?"

"陛下看臣与萧何是谁比较贤明呢?"

"似乎你不如萧何。"

"陛下说得不错,圣明英武的先帝与贤明的萧何,合力平定了天下,制订了完善的法令。如今,陛下继帝位,臣也当上要职,只要尊重先帝与萧何所订的法令，不出丁点差错，不就行了吗？"

"你说的倒也不错。"

三年后，曹参死了。当时，民间盛传这么一首歌：

"萧何制订的法令，清楚划一；曹参接替，也原本地沿用下去，人人欢乐，家家富足。"

这首歌是对无为而治的治国政策的称道，也是对无为而治型领导者曹参的赞美。

成语"萧规曹随"也正由此而来。

在现实生活中，我们常见到一些新上任的管理者，为了表现自己的能力，获得民心，并显示自己与前任不同，总是急急有所作为，所谓"新官上任三把火"就是指此。但事实证明，这种新官急于求成，往往欲速不达，其原因就是他违背了无为而治的管理原则。在合适的情况下，该无为而治就要无为而治。

既要铁腕，也要柔和

老子所谈的管理方式，是一种以柔克刚的柔和的管理方式。这种方式与那种强有力的铁腕式的管理方式是从根本上不同的。

然而，老子所谈的柔和，绝不是真正的柔软，而是柔软与刚强的有机结合。这是对柔和与刚强的辩证综合的结果，我们称之为刚柔相济。

刚柔相济是一种智慧的处事方法，也是一种卓越的管理方式。春秋时代郑国宰相子产就是刚柔相济治理国家的典范。

子产出任郑国宰相时，郑国内忧外患，处境十分困难。子产一方面以大刀阔斧的政治手腕使国内政治步入轨道；另一方面又积极展开外交活动，功绩斐然，从而改变了郑国的困难处境。

我们先看子产政治作风中刚强的一面。子产除了实行整理区划农田及整顿灌溉系统等振兴农业的措施之外，又将农民编列为"伍"，制定了新的丘赋制度。农民因为增加了新的军事费用负担而怨嗟之声四起，子产听了之后说：

"为了国家的利益，纵使牺牲个人生命亦在所不惜。我听别人说'如欲为善就必须贯彻如一，否则其所行的善就不能得到实际的功效'。我已下定决心努力使郑国复兴起来，即使因此招致人民的怨尤，亦不能改变我革新的初衷。"

几年之后，郑国由于子产的改革，使全国人民的生活水平臻于富裕安康。先前的那些对子产恨之入骨的农民们，都开始赞扬子产了。

然而，在对待"乡校"的问题上，子产却采取了截然不同于上述政策的婉柔的方式。在"乡校"中的知识分子常常非议政府的政策，有人向子产建议关闭"乡校"，但子产不同意：

"没有这个必要，人民在一天工作完毕之后，聚集在一起批评我们的施政得失。我们可以参考他们的意见，对获得好评的政策继续努力推展，对于获恶评的施政虚心改善，他们岂不是相当于我们的恩师？如果以强制的手段封闭他们的言论，就如同要切断水流，最终使堰水的堤坝决破，而造成大洪水，产生重大损失一般，到时抢救都来不及了，不如在平时就任随水流奔泻以疏通水路。对于人民的言论，堵塞不如疏通，这才是治乱的根本。"

在子产的这段话中，体现了他对水之本性的深刻理解。这种理解也是他实行刚柔相济政策的依据。

在实际的政治措施上，如欲做到刚柔并用，是件极不容易的事。

子产临终，在病榻之前，把后事托给心腹子大叔，并且忠告他说：

"我认为施政的方式不外柔与刚两者,一般来说以刚性的施政较妥。刚与柔两者譬如水与火一般,火的性质激烈,故人民见之畏之不敢接近它,所以因火丧生的人极微;反观水,因为水是温和的,故而不易使人生畏,但因为水而丧命的却不在少数。施行温和的政治看起来虽然容易,但实际上实行起来却极困难。"

孔子对子产的这些话评论说:

"言之有理。人民在宽大的政治下,每每不听驾驭,严格执法就成为不得已的事。但是用法太急,又让人民难以喘息,必须刚柔并济,两者相辅相成,才能把中庸的政治发挥得淋漓尽致。"

但是子产的继任者子大叔并没有听从子产的劝告。起初,他想用严厉的方式来治理国事,但踌躇再三,最后决定采用宽大为旨的治理方式,但这么一来,盗贼却到处横行了。

实行宽大的政策本身并没什么错,但是只注意宽大而忽视了严厉,就会出问题。古人有"宽猛中庸"的说法,就是指要做到柔(宽)与刚(猛)的平衡并施,这可说是中国人传统的理想政治形态。

治理国家需要刚柔相济,同样,管理社会、管理企业也需做到刚柔相济。许多企业领导者一方面严格制度管理,同时又注意施以仁德,关心尊重部属,充分调动和发挥下属的积极作用,做到人尽其才,物尽其用。这种管理方法,可说是深得刚柔相济、宽猛中庸管理策略的真谛。

莫因小节失人才

"水清无大鱼"。水过于清,大鱼就难以生存。同样道理,我们在判定一个人时，如果拘泥于细枝末节，就不能找到堪当大任的有用之才。

人才与普通人的区别，并不在于没有缺点，而在于缺点与优点相比，短处与长处相比，仅属于次要的、从属的地位，是小节。因此，判断一个人是不是人才，就要从大局总体着眼，只要大节信得过，小节则不必斤斤计较。

宁戚是卫国人，在牛车下向齐桓公讨饭吃，敲着牛角唱了一首歌。齐桓公感到他不是平凡的人，准备起用他管理国政。群臣说："卫国离齐国不远，可派人到卫国去了解一下宁戚。果然是贤才，再用他也不迟。"齐桓公说："去了解他，就可能知道他的一些小过失而对他不放心。因为小过而丢弃了人才，这是世上的国君所以失去天下人才的原因啊！"于是，封宁戚为官，帮助自己治理国家。

战国时期齐国宰相管仲，是个小节不太好的人，他的朋友鲍叔牙对此深有感触。鲍叔牙和管仲一起做生意，管仲经常多分给自己钱；管仲三次参军作战，三次逃跑；鲍叔牙与管仲办事，管仲也出过不中用的主意。但鲍叔牙以为，这都是小节，从总体上看，管仲具有经天纬地之才，是个做大事的料子。齐桓公对管仲的认识，也是如此。齐桓公和他哥哥公子纠争夺王位时，管仲曾用箭射伤过他。后来，公子纠被齐桓公杀死，鲍叔牙推荐管仲为相，齐桓公开始不同意。但当鲍叔牙说明，当初管仲用箭射你是为其主，不应揪住不放时，齐桓公便原谅了管仲的过失，从大处总体着眼，任用鲍叔牙为相，结果受益良多。

领导者常犯的错误是寻找"足赤之金"，结果往往因小节之失，丢弃了有用之才。

三国时期的伟大人物诸葛亮，就犯了许多这样的错误。水至清则无鱼，人至察则无徒。诸葛亮似乎不太注意这一道理。他为人"端严精密"，但由此产生出一个弱点，凡事求全责备。他识人用人，总是"察之密，待之严"，追求完人，对那些有些毛病和不足，而又有一技之长的雄才，往往因小弃大，见其瑕而不见其玉，或者弃之不用，或者使用但不放手。比如，魏延这个人物，有勇有谋，诸葛亮一直抓住他"不肯下人"的缺点，怀疑他政治上有野心，用而不信，将其雄才大略看作"急躁冒进"。还有一个刘封，是一员猛将，可他认为"刚猛难制"，劝刘备借机把他除掉了。诸葛亮这种求全责备的用人方法，造成极为严重的恶果，那就是人才空虚，他不但不能像刘备那样，武有关、张、赵、马、黄五虎大将，文有庞统、孔明等举世瞩目的高级智囊，人才济济，风云际会，就连一个称职的继承者都没有选拔出来。蒋琬、费祎和姜维，相继无所作为，最后，反倒被黄皓、谯周之流小人所制。西蜀后继乏人，终于被人所灭。教训不可谓不惨痛。

早在诸葛亮之前的东汉人任尚，也犯过这样的错误。

在任尚之前，班超久在西域，后来，朝廷召回班超，让戊己校尉任尚代替班超。

任尚对班超说："您在外族之地多年。现在我来接替您的职务。我任重而学浅，请您多多指教。"

班超说："塞外的官吏士兵，本不是很温顺的，都是犯了罪流放到这里的。那些外族人，怀着鸟兽之心，难以收抚，容易坏事。您的性子过于严厉急躁，水至清则无鱼，处理政事过于精细严苛，反而难以知道真情，也得不到下面的拥护。应当平和简易，对别人的小过失尽量宽容，只把握住大的原则就行了。"

班超走后，任尚私下里对他的亲朋说："我以为班超还有多高的谋略呢？听他一说，也很平常。"并没有把班超的话放在心上，他还是按自己的性子行事。果然，过了几个年头之后，西域出现了叛乱，班超的话得到了验证。

任尚的失败告诉我们，追求完人，不仅得不到真正的人才，反倒激化领导者和群众下属之间的矛盾，使彼此处于对立状态，其结局是领导者成为孤立无援的孤家寡人。这样的领导者结局肯定是悲惨的。

看中人，在大处不走作，看豪杰在小处不渗漏。

用人唯德，不唯才

宋代政治家王安石开始变法时，用了一大批恃才好胜的人。司马光不解，便问王安石为什么如此用人。

王安石答道："一开始要推行新法，需要调动这些人的才能，到了适当时候，再改用老成持重的人来接替他们。这是智者行法、仁者守成的一招。"

司马光说："此言差矣！君子在被聘请居于要职时，总是谦虚为怀，不轻易答应；当你请他辞退时，他便丝毫不眷恋地离开。而那些恃才好胜、爱出风头的小人，却完全相反，他认为要职得来不易，所以想尽办法保住高位；若你逼他下台，他便怀恨在心，伺机报复。我想，你这样用人，日后会出问题的。"

王安石对司马光的话不在意，只当耳边风。果然，不出司马光所料，就是这些当初受到王安石重用的人，最后全成了出卖他的小人。所以结论是：宁用愚人，不用小人。

一般说来，"德"与"才"是两个不同的东西。由于世人分辨不清，笼统称之为"贤"，以致往往用人失当。鉴于这种情况，司马光认为，应该严格区分"德"和"才"。他提出："善恶逆顺，德也。""智愚勇怯，才也。"也就是说，人的善良、恶毒、悖逆、随顺，即思想品格，叫作"德"；人的聪明、愚昧、勇敢、怯懦，即处事能力，叫作"才"。司马光认为，在"德"和"才"

之间,"德"比"才"更重要,"德"是"才"的统帅,"才"是"德"的工具。

司马光根据他的德才观对人才进行分类。他认为:"才德全尽谓之圣人,才德兼无谓之愚人;德胜才谓之君子,才胜德谓之小人。"

既然把人分成四种类型,那么应优先任用哪些人呢?司马光说:"凡取人之术,苟不得圣人、君子而与之,与其得小人,不若得愚人。"

就是说,用人先用德才兼备的圣人,其次用心胸坦荡的君子,不得已而用愚人,但万不可用小人。为什么呢?因为"君子挟才以为善",才能是用来做好事的;愚者"虽欲为不善,智不能周,力不能胜",是无碍大局的;而"小人智足以遂其奸,勇足以决其暴,是虎而翼者也",小人心术不正,而又有"智""勇"的话,做起坏事来,后果将不堪设想。

以奇招破乱象

奖赏下属,是一个十分伤脑筋的问题。奖赏得当,会起到积极作用,如果不得当,反而会坏事。一部分人可以从另一部分已得到奖赏的人身上照见自己将来的命运。如果预见到自己将不会有什么好结果那一般都不会认命静等,而会采用某种自利的行动。

汉高祖刘邦经过多年奋战终于平定了天下。有一天,高祖从洛阳的南宫居高临下俯视,看到诸将三三两两聚集在宽敞的庭院,好像在议论着什么。

"他们在议论些什么呢?"高祖问站在身旁的张良。

"他们正在酝酿谋反。"张良回答说。

高祖有点惊慌,忙问:"为什么呢?"

"获得陛下封侯的是萧何、曹参等直系,而被诛罚的都是平素与陛下疏远的旁系。现在宫中正在评定各人的功劳，如果奖赏每一个人，就是把天下分掉也不够分，所以他们都担心自己不仅得不到奖赏，甚至还会被诛杀。他们聚在一起，正在讨论：'何不干脆起来造反。'"

高祖听张良这么一说，便显得更加慌张了，急忙问张良："那该怎么办才好呢？"

张良献策说："陛下最讨厌而且也是大家都知道的那个人是谁？"

"雍齿。"高祖回答。

"那就赶快把雍齿封侯给群臣看吧。这样一做，大家就会认为：连雍齿都封侯了，我们更没有问题，这样大家才会放下心来，而风波自然也就会平息下去了。"

高祖一想，张良的话很有道理，就按他的办法做了，结果群臣果然平静下来了。

三国时的曹操，也是一位能正确运用奖赏治军的典范。

建安十二年，曹操打败袁绍之后，准备北伐乌桓和辽东。决策之时，有的将领认为孤军深入，不利于作战，坚决反对这次出兵。但曹操没有采用反对意见，坚持北伐，结果打了大胜仗。

在开庆功大会时，曹操问："出发前是哪些人劝我不要北伐的？"当时劝谏过曹操的那些将领都很恐惧，纷纷跪下请罪。曹操哈哈大笑，非但不予治罪，反而每人赐以重赏。他说，这次北伐，差一点全军覆没，侥幸取胜的冒险行为只能偶一为之。其实，当初你们的意见是正确的。受赏者听了无不感叹，旁观者也都非常信服。从此，部下献计献策的积极性更高了。

潜行密用，如愚如鱼。曹操不愧是一个大智若愚的枭雄，难怪他最终吞并了蜀吴二国，成就了彪炳千秋的丰功伟绩！

意气用事要不得

三句话不对头，便拍案而起；两杯酒下肚，便勾肩搭背——这都非强者本色。

毫无疑问，人人都有情绪，听到恶言心里多有不舒服，遇到谈得来的难免心生好感。但情绪是人对事物的一种最浮浅、最直观、最不费脑筋的情感反应，它往往只从维护情感主体的自尊和利益出发，不对事物做深入和理智的考虑。这样的后果，常使自己处在很不利的境地或为他人所利用。

本来，情感占主导地位就跟智谋距离很远了（人常以情害事，为情役使，情令智昏），情绪更是情感的最表面部分，最浮躁部分，带着情绪做事，焉有理智的？不理智，能够稳操胜券吗？不理智，头脑一发热，能不惑是生非吗？

但是我们在工作、学习、待人接物中，却常常依从情绪的摆布，头脑一发热（情绪上来了），什么蠢事都敢做，什么蠢事都做得出来。比如，因一句无甚利害的话，我们便可能与人争斗，甚至拼命（诗人莱蒙托夫、诗人普希金与人决斗死亡，便是此类情绪所致）；又如，因别人给的一点假仁假义而心肠顿软，犯下根本性的错误（西楚霸王项羽在鸿门宴上耳软、心软，以致放走死敌刘邦，最终痛失天下，便是这种妇人心肠的情绪所为）。还可以举出很多因情绪而犯的过错，大则失国失天下，小则误人误己误事。事后冷静下来，自己也会感到很后悔。这都是因为情绪的躁动和亢奋，使自己头脑发热，蒙蔽了心智。

除了日常生活中的这种习惯所为和潜意识所为，交战之中，人们有时故意使用这种"激将法",来诱使对方中计。所谓"激将",就是刺激你的情绪,让你在情绪躁动中失去理智,从而犯错。因为人在心智冷静的时候,大都不容易犯错。楚汉之争时,项羽将刘邦父亲五花大绑陈于阵前,并扬言要将刘公剁成肉泥,煮成肉羹而食。项羽意在以亲情刺激刘邦,让刘邦在父情、天伦压力下,自缚投降。刘邦很有智慧,也很冷静,没有为情所蒙蔽,他的大感情战胜了亲私情,他的理智战胜了一时的情绪,他反以项羽曾和自己结为兄弟为由,说己父就是项父,如果项羽要杀其父,煮成肉羹,他愿分享一杯。刘邦的举动,项羽根本没想到,以致无策回应,只能潦草收兵。与此相同的是,三国时诸葛亮和司马懿祁山交战,诸葛亮千里劳师欲速战。司马懿看穿孔明急于求战的心理,因为蜀军远征,粮草供给线过长,时间越久越对蜀军不利,所以他便以逸待劳,坚壁不出,以空耗蜀军士气,然后伺机取胜。诸葛亮面对司马懿的闭门不战,无计可施,最后想出一招,送一套女装给司马懿,羞辱他闭门不战宛若妇人。一般人根本难以忍受这种侮辱,可司马懿毕竟非同一般,他落落大方地接受了女儿装,情绪并无影响,还是坚壁不出,诸葛亮几乎无计可施,最后身死五丈原。

以上是战胜了自己情绪的例子。在生活中,也有许多人克制不住自己而成为情绪的俘虏。在三国演义中,诸葛亮七擒七纵孟获,这个蛮王孟获便是一个深为情绪役使的人,他之所以不能胜过诸葛亮,正是心智不及诸葛亮的缘故。

蜀国大国压境,孟获以帝王自居,小视外敌,结果一战即败,完全不是对手。

孟获一战即败,应该坐下慎思,再出奇招,却自认一时晦气,再战必胜。再战,当然又是一败涂地。如此几番,把个孟获气得浑身乱颤。又一次对阵,只见诸葛亮远远地坐着,摇着羽毛扇,身边并无军士战将,只有些文臣谋士之类。孟获头脑一发热，不及深想，便纵马飞身上前，欲直取诸葛亮首级。可想而知，诸葛亮已将孟获气成什么样子了，孟获已被一己情绪折腾成什么样子了。诸葛亮的首级当然非轻易可取，身前有个陷马坑，孟获眼看杀到诸葛亮车前时，却一头坠入陷阱，又被诸葛亮生擒。孟获败给诸葛亮，除去其他原因，孟获不动脑筋，为情绪蒙蔽，经常头脑发热，不仔细思考问题，也是一个重要的因素。

意气用事是鲁莽的表现，会伤害到别人，同时也会伤害到自己。意气用事的人往往欠缺思考，他们也没有时间去思考。他们的行动已经被感情所控制，要么处于极端愤怒的状态，要么处于不顾一切后果的状态，在这种状态下，任何人说的话他们都不会听；任何人对他们的帮助，他们也会视而不见。这样的人是很危险的。

意气用事的人往往会伤害身边的人。意气用事的人极有可能经常遭遇失败，将自己推到了一个万劫不复的地步。其实在很多时候，我们要学会随遇而安，比如现在的状况虽然不如意，但是如果意气用事，自己可能会有更大的不如意。因此，在很多时候人们要学会冷静和理智。意气用事的人往往失去理智，失去理智的人往往连自己想说的话都说不清楚，他又怎么可能让别人觉得他确实有理呢？

意气用事的人往往还会给别人带来耍横的印象，别人会认为这人是在胡搅蛮缠，因此不会对他有太多的理解。其实在这种时刻，更多的是应该学会理智、清醒，学会把自己的想法清晰有序地表达出来。

成功的领袖、领导，都善于控制自己的情绪，掌握自己的心态，约束自己的言行。无论受到什么刺激，他们都能保持沉着、冷静。必要时能克制自己的愤怒与悲伤，忍受身心的痛苦与不幸，克制自己各种不利于大局的情绪，表现出高度的自律和自制，在待人接物上做到忍让克己。

在平常生活中，善于控制情绪的人更受人欢迎，更受人尊重。有些人易冲动，控制不了自己的情绪和行为，遇到刺激，易兴奋，易激动；处理问题冒失、轻率，好意气用事，不顾后果。这种人，你会喜欢他吗？你会把自己的心事与他分享吗？你会信任他能帮你解决难题吗？

潮起潮落，冬去春来，日出日落，月圆月缺，花开花谢，草荣草枯，自然界万物都在循环往复的变化中。我们也不例外，情绪会时好时坏，受各种干扰，但我们要学会控制自己的情绪。因为，昨天的欢乐会变成今天的哀愁，今天的悲伤又会转为明日的喜悦。福兮，祸兮，福祸相依兮。

弱者让情绪控制自己，强者让自己控制情绪，我们要学会与自己的情绪对抗。

纵情得意时，要想想竞争对手的强悍；悲伤恐惧时，要开怀大笑着努力向前；自以为是时，要知道山外有山；自卑沮丧时，要换上新装引吭高歌；出离愤怒时，要想到愤怒的后果，耐心地听别人解释；病痛哀伤时，要记起天下那些生来残缺的身体，想想明日仍会升起的太阳。

学会控制自己的情绪，才能真正成为自己的主人，同时也向坚强、理智、沉稳、乐观、有远见等许多优秀品质靠近。

你只有先成为自己的主人，并具备这些能给人力量、支持和喜悦的品质，才能成为别人所爱、所敬、所信任的人。

该软时软，该硬时硬

曾国藩说：做人的道理，刚柔互用，不可偏废。太柔就会萎靡，太刚就会折断。刚不是残暴，而是正直；柔不是软弱，而是谦退。趋事赴公，需要正直；争名逐利，需要谦退。刚中有柔，柔中带刚，就会处处得心应手，获得别人的支持与帮助。

曾国藩是一位复杂而且具备多元影响的清代人物。对他褒奖的人把他捧得比天还高；贬斥他的人又把他看得一文不值、不足称道。曾国藩一生历尽周折，走出湘江大地成为中兴名臣，他熟练地驾驭着各种权力，深藏不露，随机应变，最终取得了成功。他的成功取决于刚中有柔，柔中带刚的性格。

"刚"是曾国藩性格的本色。曾国藩刚练水勇时，水陆两军约有万余人，这时若和太平天国的百万之师相抗衡，无异以卵击石。因此曾国藩为保护他的起家资本，曾一度对抗朝廷的调遣，令咸丰奈何不得。

1853年，曾国藩把练勇万人的计划告诉了爱将江忠源。江忠源鲁莽无知，向朝廷合盘奏出，结果船炮未齐就招来咸丰皇帝的一连串征调（即将湘军调出去支援外省）谕旨。曾国藩深知太平军兵多将广，训练有素，绝非普通农民起义队伍可比。况且与太平军争雄首先是在水上而不能在陆地，没有一支得力的炮船和熟练的水勇，是吃力不讨好的。曾国藩为此打定主意：船要精工良木，坚固耐用！炮要不惜重金，全购洋炮。船炮不齐，决不出征。正如他所说的："剑戟不利不可以断割，毛羽不丰不可以高飞。"因而，当咸丰皇帝催促其"赶紧赴援"，并以严厉的口吻对曾国藩说："你能自担重任，当然不能与畏葸者比，言既出诸你口，必须尽如所言，办与朕看。"曾国藩接到谕旨后拒绝出征。他在奏折中陈述船炮未备、兵勇不齐的情况之后，激昂慷慨地表示："我知道自己才智浅薄，只有忠心耿耿，万死不辞，但是否能够成功，却毫无把握。皇上责备我，我实在无地自容，但我深知此时出兵，毫无取胜的可能，与其失败犯欺君之罪，不如现在具体陈述，宁可承受畏首畏尾的罪名。"他进一步倾诉说："我对军事不太娴熟，既不能在家乡服丧守孝，使读书人笑话，又以狂言大话办事，让天下人见笑，我还有何脸面立于天地之间呢！每天深夜，想起这些，痛哭不已。我恳请皇上垂鉴，体怜我进退两难的处境，诚臣以敬慎，不要再责成我出兵。我一定殚尽血诚，断不敢妄自矜诩，也不敢稍有退缩。"咸丰皇帝看到这封语气刚中有柔，柔中又带刚的奏折，深为曾国藩的一片"血诚"所感动，从此不再催其赴援外省，并安慰他说："成败利钝固不可逆睹，然汝之心可质天日，非独朕知。"曾国藩"闻命感激，至于泣下"。

正是曾国藩这种刚硬的性格让他保存了湘军的力量，为湘军的发展壮大提供了条件，也为大清江山积蓄了后备力量。且不说他的这种违抗君命的做法是否正确，但是抗旨的勇气和强硬，是让人刮目相看的。

在他一生之中，曾国藩并不是处处推崇"刚"，他也重"柔"。因为他知道，柔代表弱小，却是成长中的事物，充满了强大的生命力；而至刚则已到了顶，达到了极限，比起"柔"来，它暂时是占有优势，但长久的优势不在它一方。一根草、一条线，是"至柔"，但许多根、许多条结合起来，则是"至刚"的刀也难以斩断。曾国藩相信，强大处下，柔弱处上；天下莫柔弱于水，而攻坚强者莫之能胜，以其无以易之。所以，在取得了一定的成就之后，曾国藩决定改变自己原来过刚的性格。曾国藩号涤生，涤生就是洗涤性格中不好的东西，锤炼出理想的性格。他在给弟弟曾国荃的信中说："近岁在外，恶人以白眼藐视京官，又因本性倔强，渐近于愎，不知不觉做出许多不恕之事，说出许多不恕之话，至今愧耻无已。"曾国藩年轻时性格刚而倔强，几乎到了刚愎自用的地步，以致碰过不少壁。

曾国藩通过不断锤炼逐渐改变了自己倔强而近于刚愎的性格，从而使他具备了刚柔并济的性格特征。特别能显示曾国藩刚中有柔性格的地方，是他和左宗棠的交往。曾国藩为人拙诚，语言迟纳，而左宗棠恃才傲物，语言尖锐，锋芒毕露。曾国藩曾见左宗棠为如夫人洗脚，便笑着说："替如夫人洗足。"左宗棠立即讽刺说："赐同进士出身。"又有一次，曾国藩幽默地对左宗棠说："季子（季子是左宗棠的字）才高，与吾意见常相左。"左宗棠也不示弱："藩侯当国，问他经济又何曾！"一对一答之中，曾国藩言语比较温和，既抓住了左宗棠的个性特点，又指出了彼此的矛盾，但对此不发表任何议论。而左宗棠的言语，明显过于尖刻，且盛气凌人，大有不把曾国藩放在眼里、不可一世之态。可是，曾国藩没有怪罪他。

左宗棠识略过人，又好直言讳。曾国藩第一次兵败投水未遂时，左宗棠前来探望曾国藩，见他奄奄一息。责备他说国事并未到不可收拾的地步，何必速死，此乃不义之举。曾国藩怒目圆瞪，不发一言。后来，曾国藩在江西端州营中闻父逝世，立即返乡。左宗棠认为他舍军奔丧，是很不应该的，湖南官绅也哗然应和。第二天，曾国藩奉命率师援浙，路过长沙时，登门拜访并手书"敬胜怠，义胜欲；知其雄，守其雌"十二字为联，求得左宗棠的篆书，表示敬仰之意，使二人一度紧张的关系趋向缓和。由于曾国藩采取宽容的态度，用柔和的心态包容刚硬耿直的左宗棠，二人一直相处得融洽。

曾国藩曾写过一联："养活一团春意思，撑起两根穷骨头。"这也是刚柔兼济。正是这种刚中有柔，柔中带刚的性格使曾国藩游刃于相互倾轧的清代官场之中。

"弱肉强食"是动物界中的普遍现象，弱小的动物总是被强大的动物吞掉。在人类社会也存在着这种现象，软弱的人总是受人欺压，被人欺凌，处处扮演受气包的角色，实际生活中做人太软弱是不行的，软弱的人总是会被人利用或欺负。

人若无刚，不如粗糠。后主李煜，没有人君之才，却做了人主；既为人主又不为民思，用小人，疏忠臣，耽湎于声色酒乐。面临强敌威胁，又不思防御，只希望以专心事宋而保持苟安局面，成为宋室之囚，且不得善终。作为男人，他没有一点刚强之气，实在窝囊。

在为人处世中我们提倡忍让，但"忍"并非软弱可欺。我们要善于软硬兼施。该软时软，该硬时决不退让。人生在世，待人接物，应当说更多的时候是软的，所谓有话好说，遇事好商量，遇事让人三分……都是人们待人接物中常有的态度和常用方法。但不是所有的时候软的手段都灵验，有的人就是欺软怕硬，好话听不进，恶话倒可让他清醒。这时，强硬的态度与手段就成为必要了。